工程造价人员必备工具书系列

广联达算量应用宝典—— 安装篇

广联达课程委员会 编

中国建筑工业出版社

图书在版编目（CIP）数据

广联达算量应用宝典——安装篇 / 广联达课程委员会
编 . —北京 : 中国建筑工业出版社 , 2020.5（2021.6重印）
（工程造价人员必备工具书系列）
ISBN 978-7-112-25000-4

Ⅰ.①广…　Ⅱ.①广…　Ⅲ.①建筑安装工程–计量
Ⅳ.①TU723.3

中国版本图书馆 CIP 数据核字（2020）第 051875 号

责任编辑：徐仲莉
责任校对：赵　颖

工程造价人员必备工具书系列
广联达算量应用宝典——安装篇
广联达课程委员会　编

*

中国建筑工业出版社出版、发行（北京海淀三里河路9号）
各地新华书店、建筑书店经销
北京光大印艺文化发展有限公司制版
北京市密东印刷有限公司印刷

*

开本：787×1092毫米　1/16　印张：15¾　字数：375千字
2020年5月第一版　2021年6月第三次印刷
定价：75.00元
ISBN 978-7-112-25000-4
（35740）

广联达课程委员会编制人员

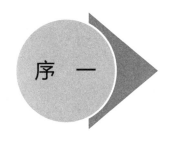

序 一

　　从事建筑行业信息化领域 20 余年，也见证了中国建筑业高速发展的 20 年，我深刻地认识到，这高速发展的 20 年是千千万万的建筑行业工作者，夜以继日用辛勤的汗水换取来的。同时，高速的发展也迫使我们建筑行业的从业者需要通过不断学习、不断提升来跟上整个行业的发展进程。在这里，我们对每一位辛勤的建筑行业的从业者致以崇高的敬意。

　　广联达也非常有幸参与到建筑行业发展的浪潮之中，我们用了近 20 年时间推动造价行业从手算时代向电算化时代发展。犹记得电算化刚普及的时候，大量的从业者还不会使用电脑，我们要先手把手的教会客户使用电脑，如今随着 BIM、云计算、大数据、物联网、移动互联网、人工智能等技术不断地深入行业，数字建筑已成为建筑业转型升级的发展方向。广联达通过数字建筑平台赋能行业各参与方，从过去服务于岗位为主的业务模式，转向服务于每个工程项目，深入更多的业务场景，服务更多的客户。让每一个工程项目成功，支持中国建筑业数字化转型成功。

　　数字建筑的转型升级同时会带动数字造价的整体行业发展，也将促进专业造价人员的职业发展。希望广联达工程造价系列丛书能够帮助更多的造价从业者进行技能的高效升级，在职业生涯中不断进步！

广联达高级副总裁　刘谦

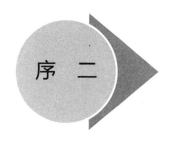

序 二

　　随着科技日新月异的发展以及建筑行业企业压力的增长，建筑行业转型迫在眉睫；为了更好地赋能行业转型，广联达公司内部也积极寻求转型，其中最为直接的体现就是产品从之前的卖断式变为年费制、订阅式，与客户的关系也由买卖关系转变为伙伴关系。这一转型的背后要求我们无论是从产品上，还是服务上，都能为客户创造更多价值。因此这几年除了产品的研发投入，公司在服务上也加大了投入，为了改善用户的咨询体验，我们花费大量的人力物力打造智能客服，24小时为客户服务。为了方便客户学习，我们建立专业直播间，组建专业的讲师团队为客户生产丰富的线上课程，方便客户随时随地学习……一切能为客户增值赋能的事情，广联达都在积极地探索和改变。

　　广联达工程造价系列丛书就是公司为了适应客户的学习习惯，帮助客户加深知识体系理解，从而更好地将软件应用于自身业务，我们与中国建筑工业出版社联合打造这套丛书。书本的优势是沉淀知识，可供随手翻阅，加深思考，能够让客户清晰地学习大纲，并快速地建立知识体系，帮助客户巩固自己的专业功底，提升自己的行业竞争力，从而应对建筑行业日新月异的变化。

　　谨以此书献给每一位辛勤的建筑行业从业者，祝愿每一位建筑行业从业者身体健康，工作顺利！

广联达副总裁　王剑

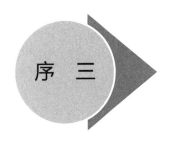

序 三

　　从事预算的第一步工作是算量，并且能够准确地算量。在科技发展日新月异、智能工具层出不穷的当下，一名优秀的预算员是要能够掌握一定的工具来快速、准确地算量。广联达算量软件是一款优秀的算量软件，学会运用这一工具去完成我们的工作，将会使我们事半功倍。《广联达算量应用宝典——安装篇》整合了造价业务和广联达算量软件的知识，按照用户使用产品的不同阶段，梳理出不同的知识点，不仅能够帮助用户快速、熟练、精准地使用软件，而且还给大家提供了解决问题及学习软件的思路和方法，帮助大家快速掌握算量软件，使大家更好地将软件应用于自身业务中，《广联达算量应用宝典——安装篇》是一本值得学习的好书！

广联达副总裁　只飞

前　言

　　随着当今社会互联网及信息化的快速发展，我们获取知识的路径越来越容易，碎片化的知识和信息时刻充斥着我们的大脑，然而我们的学习力并没有提升，所有的知识仅限于对事物的肤浅认知。在获取信息的通道非常便捷的时代，我们如何快速汲取所需要的内容，如何让知识更系统化、更体系化，在这种大背景下，广联达课程委员会应运而生。经过两年的努力，我们根据客户不同阶段的学习需求，搭建了不同系列的课程体系，旨在帮助客户可以精准地学习内容，高效掌握工具软件，从而缩短学习周期。

　　广联达课程委员会成立于 2018 年 3 月，经过严格的考核机制，选拔了全国各个分支顶尖服务人员共 20 余人。他们在造价一线服务多年，积累了大量的实战经验，面对客户不同的疑难问题，他们都能快速解决，可以说他们是最了解用户核心的那批人。

　　经过两年的内容生产及运营互动，上百场直播和录播，我们深刻地了解用户不同阶段的学习需求，其中课程和书籍在用户学习成长过程中起着不同的价值和作用，除了课程学习，纸质书籍更是起到知识沉淀的作用，一支笔一本书，随时可以查阅，传统的学习模式其实未必落伍。

　　2019 年 10 月，我们的第一本书《广联达算量应用宝典—土建篇》与读者见面了，大家既欣喜又紧张，欣喜的是委员会的第一本书在团队的共同努力下终于出版了，期待着每一个读者能够从中收获知识与方法；紧张的是不知道我们的心血能否让广大用户认可。最终我们的书籍反响非常好，得到来自不同行业的用户认可，用户纷纷留言，希望我们尽快输出同系列的其他书籍。

　　在第一本书面世之前，我们就设计了不同专业、不同用户阶段，由浅入深的为客户朋友们提供不同深度的书籍，从而使大家系统的掌握造价工具。2019 年末至 2020 年初，广联达课程委员会整装待发，开始编制《广联达算量应用宝典——安装篇》，期望能够给安装的用户朋友送上一份好礼。经过编制组成员四个月加班加点的工作，一次次的修改与讨论，《广联达算量应用宝典——安装篇》带着用户朋友们的希望和期待终于出版了，希望此书能够为安装的用户朋友们在学习路上助一臂之力。

　　活到老学到老，我们每一天都在不断学习，但如何能够做到有效学习，却是一个不好回答的问题，既然学习是终生的事情，学会学习也是每个人必备的技能，学习是一个过程、一种方法、一套理解事物的体系，学习活动需要集中注意力，需要规划，需要反思，一旦人们懂得如何学习，将会更高效、更深入地掌握所学的专业技能，学习的目标在于成为一个高效的学习者，成为一个高效利用 21 世纪所有工具的人。本书在编写过程中，充分研究了成年人的学习行为、学习方式，在信息纷飞的时代，大家不缺学习资料，不缺学习内容，缺少的恰恰是系统的学习方法，委员会致力于梳理系统的知识，搭建用户不同阶段的学习知识地图，为广大造价从业者提供最便利、最快捷的学习路径！

广联达服务管理部课程委员会　梁丽萍

目 录

附　录

广联达培训课程体系

　　广联达课程委员会成立于 2018 年 3 月，汇聚全国各省市二十余位广联达特一级讲师及实战经验丰富的专家讲师，是一支敢为人先的专业团队，是一支不轻言弃的信赖团队，是一支担当和成长并驱的创新团队。他们秉承专业、担当、创新、成长的文化理念，怀揣着"打造建筑人最信赖的知识平台"的美好愿望，肩负"做建筑行业从业者知识体系的设计者与传播者"的使命，以"建立完整课程体系，打造广联达精品课程，缩短用户学习周期，缩短产品导入周期"为职责，重视实际业务需求，严谨划分用户学习阶段，持续深入研讨各业务场景，共同打造研磨体系课程，出版造价人系列丛书，分享行业经验知识等，搭设了一套循序渐进，由浅入深，专业、系统的广联达培训课程体系，如图 1 所示。

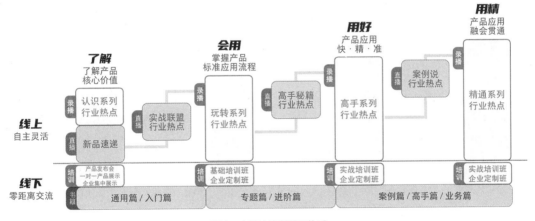

图 1　广联达培训课程体系

　　经过多方面探讨与研究，用户在学习和使用软件的过程中，根据软件的使用水平不同，可分为了解、会用、用好、用精四个阶段。了解阶段是指能够了解软件的核心价值，知道软件能解决哪些问题；会用阶段是指能够掌握产品的标准应用流程和基本功能，拿到工程知道先做什么后做什么；用好阶段是指对软件应用快、精且准，也就是说不仅功能熟练，而且清晰软件原理，知道如何设置能够达到精准出量；用精阶段是指能够融会贯通地应用软件，掌握构件的处理思路，不管遇到何种复杂构件都有清晰的处理思路和方法，从而解决工程的各类问题。

　　在用户学习的每个阶段，广联达都会给用户提供线上、线下两种形式的课程，线上自主灵活，线下与讲师零距离交流，不同的形式满足不同的学习需求。线下课程主要是由各地分公司自主举办，包括产品发布会、各类培训班等广联达与中国建筑工业出版社合作，出版软件类、业务类等造价人必备工具书系列，方便用户随时查阅。线上课程分为录播和直播课程，录播课程无时间、地点限制，随时随地便可学习，课程内容丰富，对应软件应用的四个阶段，不同阶段提供不同的课程，如了解阶段是认识系列的课程，会用阶段是玩转系列的课程。直播课程采用直播授课形式，同时也根据不同的阶段提供不同的课程，如用好阶段的高手秘籍栏目，用精阶段的案例说栏目。广联达培训课程体系，就是根据不同的阶段、不同的需求，提供不同的课程以及学习形式。

广联达培训课程体系旨在帮助用户找到最适合自己的课程，减少学习成本，提高学习效率，缩短学习周期。

第 *1* 篇

认识系列

　　认识系列适用于刚接触软件、不了解软件核心价值的用户；此阶段内容帮助用户快速了解软件及其能够解决的问题，达到想用软件的效果。本系列主要帮助大家初步认识广联达安装计量软件。

广联达，一家致力于为客户提供数字建筑全生命周期的信息化解决方案，持续引领产业发展、推动社会进步，用科技让每一个工程项目成功的数字建筑平台服务商。

第 1 章　认识广联达 BIM 安装计量软件

广联达 BIM 安装计量软件是广联达的主要产品之一，是针对民用建筑安装全专业研发的一款工程量计算软件。BIM 安装计量软件不仅支持全专业的 BIM 三维模式算量，还支持手算模式算量，适用于所有电算化水平的安装造价和技术人员使用。通过智能化识别、可视化的三维显示、专业化的计算规则、灵活化的工程量统计、无缝化的计价导入，全面解决安装专业工程造价人员在招标投标、过程提量、结算对量各阶段手工计算效率低、审核难度大等问题。如图 1-1 所示。

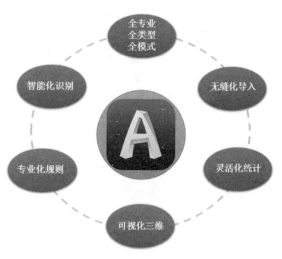

图 1-1　广联达安装计量软件

广联达 BIM 安装计量软件支持电气、给水排水、通风空调、采暖燃气、消防、智控弱电六大专业算量。兼容市场上所有电子版图纸的导入，包括 CAD 图纸、Revit 模型、PDF 图纸、图片等。支持图纸识别、图片描图、手工画图、表格输入、三维模型导入等多种模式计量。软件核心算量方式为智能化识别，将图纸转化为三维模型，同时内置完善的计算规则可随实际工程进行自定义设置，实现精准算量。识别完成工程以三维模型呈现，清晰直观。工程量的统计可根据实际工程要求进行调整，达到灵活出量。之后可导入计价软件，实现与计价软件的无缝对接。

数字时代，工具先行，建立完整的三维建模思路，掌握以模型为载体的算量方式才能更加顺应时代的发展。广联达始终坚持以客户为中心，以奋斗者为本，深入理解和分析客户业务，准确识别和挖掘用户需求信息，在产品开发过程中不断验证，不断拓展产品的专业深度、细度和智能度，给客户一个更好的安装计量。

第 *2* 篇

玩转系列

　　玩转系列适用于已经了解软件价值，但未上手使用软件的用户，此阶段内容帮助用户掌握标准建模的流程及构件的处理思路与原理，保证后期快速上手使用软件做工程。

　　本系列主要讲解软件整体处理的思路与流程，剖析软件算量的原理，对后期的建模提量做到心中有数。

第2章　软件算量原理与整体处理思路

2.1　软件算量原理

目前安装计量主要通过"建立模型"的方式进行工程量的统计，即通过功能的"识别"或者"绘制"将二维 CAD 图纸转化为三维模型后进行算量。

2.2　软件整体处理思路

对于软件的初学者，最重要的是先掌握软件的处理思路，思路清晰才能更有条理地进行工程量的计算。软件的算量思路如图 2-1 所示。

图 2-1　算量思路

2.2.1　前期准备

软件中主要的算量方式是通过功能的识别将二维 CAD 图纸转化为三维模型后进行算量，所以前期准备就是将二维 CAD 图纸转化成三维模型的准备工作，包括新建工程和图纸管理，保障后期快速准确的出量。

（1）新建工程：新建工程就是在安装计量软件中建立工程文件并录入工程相应的信息，所以需要依据图纸在软件中进行工程新建。

（2）图纸管理：软件算量的过程中需要提取识别 CAD 图纸中的信息，为了保障从图纸中提取到的信息的准确性，需要在提取工程量之前对图纸进行处理，如检查图纸比例等。

2.2.2　工程量计算

安装工程量计算主要是数量统计、长度统计。软件中数量统计就是通过软件相关功能读取 CAD 图纸中的各种图例标识自动数个数；长度统计就是通过软件相关功能量取图纸中 CAD 图线，将其转化为对应的线缆、水管、风管等，并准确计算出对应工程量。如图 2-2 所示。

软件识别的先后顺序为：先数量后长度，先长度后相关附件，安装六大专业顺序相同。

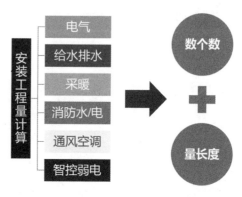

图 2-2　安装工程量计算

先数量、后长度，数量与长度存在标高差时软件可以自动生成并统计立管工程量；先长度后相关附件，软件根据长度的属性可以自动判断附件的规格型号，从而大幅提升算量效率。

2.2.3　报表提量

软件算量的特点是"所见即所得"，通过识别建立三维模型的同时，工程量也能自动统计，形成工程的结果文件，并且可以通过报表的形式显示。另外也可以根据实际工程中不同的出量需求提量（注：本章只是软件原理说明，具体功能使用方法会在本书后续内容中详细说明）。

2.3　软件界面介绍

熟悉软件操作界面，是快速上手软件操作的第一步。此处以"经典模式"的软件界面为例进行说明，如图 2-3 所示。

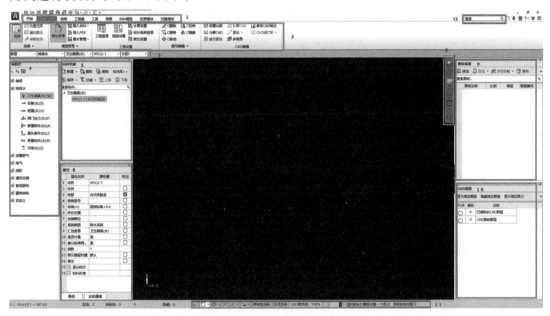

图 2-3　软件界面介绍

（1）菜单栏：按照建模流程设置，包括"开始""工程设置""绘制""工程量""工具""视图""BIM 模型""变更模块""对量模块"九大部分。

（2）工具栏：提供各菜单栏对应的常用工具功能，菜单栏中每一个页签对应的工具栏针对的操作内容不同。工具栏中的功能按照算量流程及操作习惯排布，方便查找使用。

（3）楼层切换栏：用于建模过程中快速切换楼层及构件。

（4）模块导航栏：软件中所有构件均按照不同专业类型进行分组显示，切换至对应专业的构件即可进行后续建模操作。

（5）构件列表：显示当前构件类型下所有构件，如卫生器具类型下"台式洗脸盆""柱式洗脸盆""浴盆""地漏"等。

（6）属性列表：当前构件属性内容，比如台式洗脸盆的材质、规格型号、安装标高、位置等，可以根据图纸在属性列表中进行修改。

（7）绘图区：模型建立后在此显示。

（8）视图显示框：用于快速切换模型二维及三维显示状态、图元及图元名称显示及隐藏状态等。

（9）图纸管理：使用 CAD 图纸进行识别建模时，在此进行添加图纸、分割图纸、定位等图纸处理的前期准备工作。

（10）CAD 图层管理：导入 CAD 图纸后，可在此进行图层或 CAD 图元的显示及隐藏操作。

（11）状态提示栏：提供建模过程中的辅助功能，如点捕捉、操作提示等。其中状态提示栏中的操作提示可以在每一个功能操作时提供详细的操作步骤指导，是帮助用户用好软件的重要功能。

（12）功能搜索栏：找不到功能时可以在输入框中输入功能关键字，软件可以进行关键字联想并且快速定位到所需要使用的功能。

◆ 应用小贴士：

软件界面与默认界面不一致时的处理方法：恢复默认界面。

当发现经典模式下软件界面与当前介绍中界面不一致或部分模块显示缺失，可进入主菜单栏中"视图"→"界面显示"→"恢复默认界面"恢复完整软件操作界面，或直接按"F4"快捷键恢复默认界面，如图 2-4 所示。

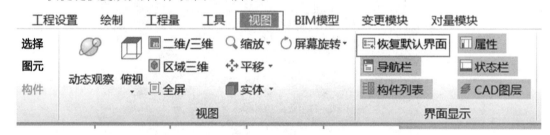

图 2-4　恢复默认界面

第 *3* 篇

高手系列

　　高手系列适用人群：有一定软件操作基础和工程处理思路，但不能灵活应用软件出量原理，面对复杂问题没有形成针对性的处理思路，导致无法独立完成完整工程和精准提量的用户。此阶段内容以实际工程算量的流程为主线，帮助用户掌握安装各专业算量的功能、思路、应用技巧，深入了解软件设置、出量等原理，建立系统化思路，规范建模流程及标准，能够灵活应用软件处理各类工程，形成个人算量思路，达到快、精、准的软件应用效果。

软件算量的整个流程可划分为前期准备、工程量计算、报表提量三个阶段。安装算量各专业前期准备、报表提量的方法及思路相同，将在第 3 章、第 8 章分别讲解，不再区分专业。工程量计算内容将在本书第 4 章～第 7 章讲解，主要包括：第 4 章工程量计算—电气篇、第 5 章工程量计算—给水排水篇、第 6 章工程量计算—消防篇、第 7 章工程量计算—通风空调篇。

第 3 章 前期准备

本章主要讲解算量开始前的准备工作，包括新建工程、新建楼层以及图纸的处理。

3.1 新建工程

双击软件图标后，进入软件开始界面，点击"新建"，开始工程的新建工作，如图 3-1 所示。

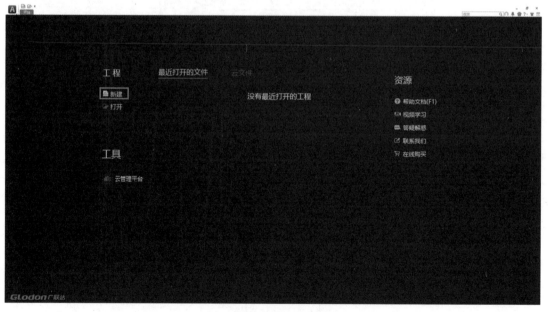

图 3-1 开始界面

进入新建工程操作后，根据图纸中工程的相关信息在软件中进行对应的选择设置：

（1）工程名称：按照实际工程名称进行命名输入。

（2）工程专业：软件提供"给水排水""采暖燃气""电气""消防""通风空调""智控弱电"六大专业，选择专业后软件能在导航栏提供更加精准的功能服务；软件默认"全部"

专业，导航栏将显示全专业的功能；工程专业的选择对算量没有影响，按照个人操作习惯选择即可。

（3）计算规则：软件支持工程量清单项目设置规则（2008）、工程量清单项目设置规则（2013）两种计算规则。选择的计算规则不同，会影响计算设置和部分工程量计算结果，需要按照工程需求正确选择。

（4）清单库、定额库：可按照工程所在地区选择对应清单库、定额库。清单库、定额库对算量结果无影响，但会影响套做法与材料价格的使用。

（5）模式选择：软件提供两种算量模式，简约模式和经典模式。两种模式的算量流程和思路略有差别，本书中所有专业操作流程及方法思路均以"经典模式：BIM 算量模式"为例进行演示拆解，选择"经典模式"，点击"创建工程"完成工程新建，如图 3-2 所示。

图 3-2　新建工程

算量模式的区别可查阅本书附录 B——"B 2 经典模式与简约模式的区别"。

3.2　新建楼层

软件通过对 CAD 图纸识别或者绘制，建立三维模型进行工程量计算，水平构件建模依据为平面图，竖向构件建模依据为系统图或者设备安装高度与水平管道间的高差，为保证竖向构件工程量的准确性，新建工程完成后需要通过"楼层设置"竖向楼层高度进行确认。

楼层设置的具体操作步骤为：

（1）进入菜单栏"工程设置"页签→选择工具栏"工程设置"→点击"楼层设置"，如图 3-3 所示。

图 3-3　楼层设置

（2）根据实际工程图纸信息进行楼层层数的设置："插入楼层"新增楼层，点击"删除楼层"删除错误楼层，如图 3-4 所示。

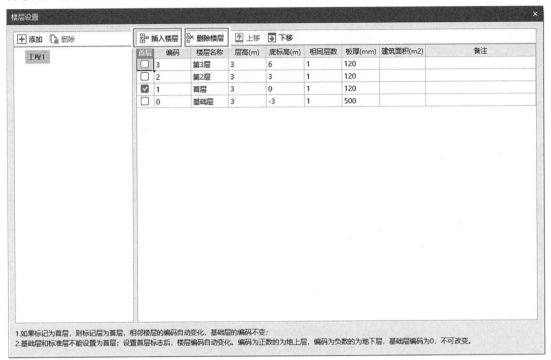

图 3-4　楼层设置高度

楼层中软件默认存在首层和基础层，且不能删除。如不在对应楼层绘制构件，楼层高度对于该层工程量没有影响。如需插入地上楼层，鼠标在"首层"行点击左键，再点击"插入楼层"即可插入地上楼层；如需插入地下楼层，鼠标在"基础层"行点击左键，再点击"插入楼层"即可插入地下楼层。

（3）调整层高：可调整首层底标高和各层层高，其他楼层底标高自动生成。

（4）新建楼层注意事项：楼层表中的"相同层数"，使用的前提条件为，工程中存在标准层，每一层的构件完全一模一样。若楼层间竖向管道直径发生变化（以下简称变径）等情况，即不符合完全相同的前提条件，不建议使用该功能。

3.3　图纸管理

识别 CAD 图是软件建模算量的主要方式，CAD 图纸的处理使用"图纸管理"功能，具体操作步骤如下：点击"添加图纸"→"设置比例"→"定位"图纸→"手动分割"。

（1）添加图纸：进入软件后，在"工程设置"→"模型管理"→"图纸管理"→"添加"中找到图纸存放的文件夹，找到对应图纸添加至软件中。可以选择单张图纸，也可以批量选择多张图纸添加至软件中。如图 3-5 所示。

（2）设置比例：为避免因图纸比例不准确对工程量准确性造成影响，导入图纸后，首先需要对图纸比例进行校核，点击"工程设置"→"CAD 编辑"→"设置比例"，如图 3-6 所示。

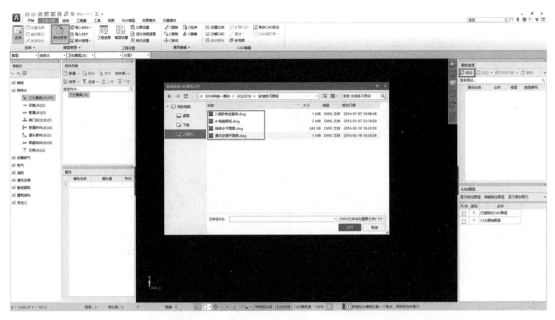

图 3-5　图纸管理

图 3-6　设置比例

①按住鼠标左键框选要修改比例的 CAD 图元，鼠标右键确认。

②鼠标左键在 CAD 图上选择有尺寸标注的两点，例如两轴线间的距离。为了增强所选择点位置的准确性，可借助软件最下方状态提示栏中"交点"命令快速选择点，触发"交点"后按照状态栏提示操作即可，如图 3-7 所示。

图 3-7　交点

③输入弹窗中的尺寸与 CAD 底图一致，说明图纸比例无问题；若尺寸与 CAD 底图不一致，则在弹窗中按照 CAD 底图标注尺寸输入，比例即设置完成。

（3）分割图纸：工程量统计时按照楼层分层统计，同时为了保障三维模型的完整性，图纸需要按照楼层分割。为保证相邻楼层图纸空间位置关系上下对应，对分割出来的单张图纸进行定位点设置，本书讲解顺序为先"分割"后"定位"（在实际应用中，使用者操作习惯不同，也可以采用先"定位"后"分割"的顺序）。"手动分割"可以按照算量范围灵活分割所需用到的图纸，是目前针对实际工程应用比较广泛的分割功能。

"手动分割"具体操作步骤如下：选择"图纸管理"→点击"手动分割"。

①"手动分割"：按住鼠标左键框选要拆分的 CAD 图，鼠标右键确认。

②图纸名称：点击"识别图名"，在图纸中读取 CAD 图纸文字图名，也可直接在"图

纸名称"输入框中输入图纸名称。

③ "楼层选择"：将图纸分配到对应楼层，点击"确定"，分割完成。分割后的图纸以黄色框显示，并且"图纸管理"列表中即可看到该图纸名称和对应楼层。工程中的标准层图纸也可同时分配到多个楼层，如图 3-8 所示。

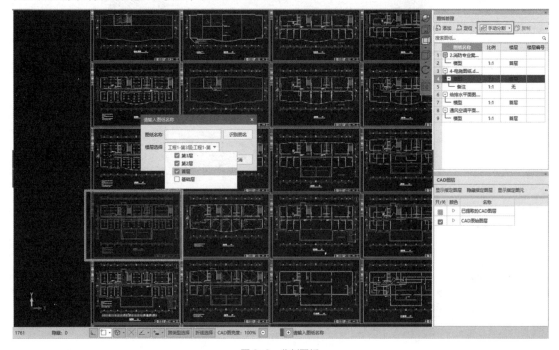

图 3-8　分割图纸

分割图纸注意事项：

①分割图纸时，对应楼层选择错误，可在图纸管理列表楼层中重新选择对应楼层。

②双击"图纸管理"列表中的图纸名称，软件可自动切换至该图纸和其分配到的楼层。

③做工程的过程中，如果发现有图纸没有分配，双击"图纸管理"原图名称，即可切换回整张图纸。

（4）图纸定位：图纸分割后，为了确保空间位置上下关系对应，需要每张图纸设置定位点。定位点的选择标准是各楼层相同位置的点，可以选择轴线交点或建筑结构的顶点等位置。"定位"具体操作步骤如下："图纸管理"点击"定位"→选择图纸上的定位点→定位完成。

定位：点击"图纸管理"→"定位"，鼠标左键在分割好的每张图纸黄色边框范围内选择定位点，为保证点位置准确可以使用"交点"捕捉。同一分割图框内只能设置一个定位，如图 3-9 所示。

◆ 应用小贴士：

图纸管理提供了两种图纸模式：楼层编号模式和分层模式。工程中的电气专业图纸，通常以照明系统和动力系统分别绘制，鉴于图纸的特点，下面以电气工程为例详细分析两种模式的应用场景和区别。

（1）楼层编号模式：

①软件默认的模式是"楼层编号模式"，当图纸分割完成后，"图纸管理"列表中图纸"楼层编号"自动生成。楼层编号模式下，同一楼层可以同时分配多张图纸。楼层中同时显示所有分配到本层的图纸。

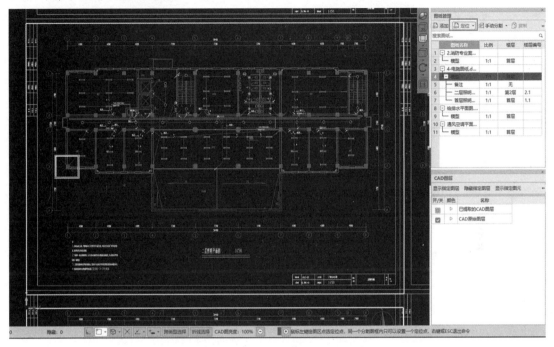

图 3-9　定位

②楼层编号的格式：×××.×××，例如 1.1、1.2、2.1……

③楼层编号的含义："."前数字表示的是图纸所在的楼层，"."后的数字表示的是本张图纸是本楼层的第几张，图纸根据编号在本楼层中从左到右依次排列，例如首层照明平面图、首层插座平面图，图纸分割后图纸编号为：1.1、1.2，绘图区域的左侧为首层照明平面图、右侧为首层插座平面图。

④已分割图纸在绘图区位置错误，可直接调整"图纸管理"列表中的"楼层编号"，双击图纸名称，图纸即可按照编号对应位置关系重置图纸位置。

⑤楼层编号模式下模型特点：通过识别本层已分配 CAD 图纸建模，工程模型位置与图纸位置匹配。不同系统的模型依附于图纸位置，从左到右依次排列，相对独立，在绘图区域可以直观地查看。

⑥楼层编号模式需要注意的问题：以电气工程为例，照明系统和动力系统中共同的配电箱、桥架等构件，在两张图纸上都需要建模，由此会产生工程量重复统计的问题，将在后面的章节中讲解。

（2）分层模式：

①分层模式的应用场景：工程模型既需要满足算量需求，又需要满足建模准确性、完整性以及各专业各系统空间相对位置准确，并能够达到碰撞检查的要求。例如电气工程归属于一个配电箱的配电系统的照明回路和插座回路，但图纸中分别绘制，建模要求更符合

工程现场实际空间位置关系，即照明图纸和插座图纸位置重叠。

②分层模式的特点：模型更符合 BIM 建模要求，空间位置关系更贴合实际。

③分层模式需要注意的问题：构件在哪个分层识别／绘制，只在当前分层显示，电气不同系统图纸可对应不同分层，不同系统在不同分层识别；配电箱、桥架等构件为共用构件，在所有分层显示，但只需在一个分层识别，无须重复识别。

楼层编号模式和分层模式的切换方法非常简单，只需要在"图纸管理"→"楼层编号"前进行勾选，勾选状态下为楼层编号模式，反之则为分层模式。如图 3-10 所示。

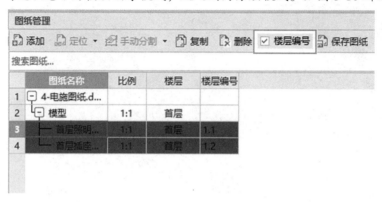

图 3-10　楼层编号

规范算量—结合清单／定额：

在进入软件算量之前需要明确并规范建立模型的标准方法，进行构件名称定义时可参考清单／定额分类进行命名，即标准化列项，参考规范清单／定额建立统一的模型列项标准，可帮助用户在算量对审过程中以一个标准的模型进行工程量查看及复核，提高工作效率，以下章节中所表述流程及方法均可作为标准化规范建模参考。

第4章 工程量计算—电气篇

本章内容为电气专业工程量的计算，主要讲解电气专业各类工程量计算的思路、功能、注意事项及处理技巧。通常电气专业要计算的工程量如图4-1所示。

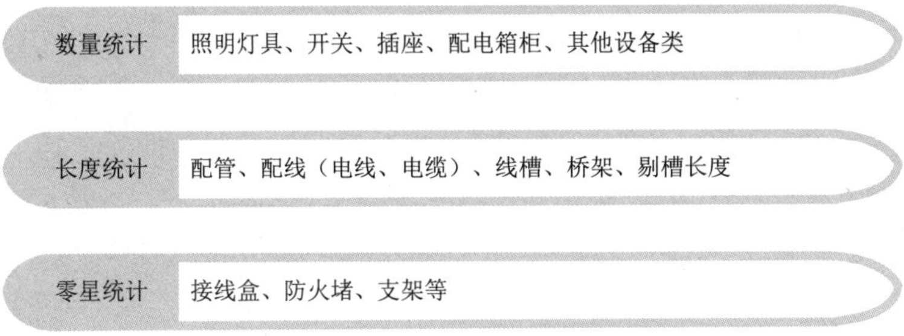

数量统计	照明灯具、开关、插座、配电箱柜、其他设备类
长度统计	配管、配线（电线、电缆）、线槽、桥架、剔槽长度
零星统计	接线盒、防火堵、支架等

图 4-1 电气专业需要计算的工程量

4.1 数量统计

4.1.1 业务分析

1. 计算规则依据

从《通用安装工程工程量计算规范》GB 50856—2013 可以看出，统计工程量时需要区分不同的名称、规格等按数量进行统计，如表4-1所示。

表 4-1

清单计算规则（统计工程量）

项目编码	项目名称	项目特征	计量单位	工程量计算规则	工作内容
030412001	普通灯具	1. 名称 2. 型号 3. 规格 4. 类型	套	按设计图示数量计算	本体安装
030412002	工厂灯	1. 名称 2. 型号 3. 规格 4. 安装形式			
030412003	高度标志（障碍）灯	1. 名称 2. 型号 3. 规格 4. 安装部位 5. 安装高度			

续表

项目编码	项目名称	项目特征	计量单位	工程量计算规则	工作内容
030412004	装饰灯	1. 名称 2. 型号 3. 规格 4. 安装形式	套	按设计图示数量计算	本体安装
030412005	荧光灯				
030412006	医疗专用灯	1. 名称 2. 型号 3. 规格			

2. 分析图纸

统计数量一般需要参考主要设备材料表及平面图。从材料表中，可以看到配电箱、开关、插座等设备的名称、图例信息、规格型号以及距地高度（图4-2），其中距地高度影响立管的工程量，所以算量工作要根据实际情况调整。

主要设备材料表

序号	图例	名称	型号及规格	备注
1		照明、动力配电箱	见系统图	见系统图
2		双电源配电箱	见系统图	见系统图
3		空调电源开关箱	见系统图	明装,距地1.5米
4		户内多媒体信息箱	HIB-22A(300x250x120)	暗装,距地0.3米
5		单、双、三联单控开关	型号自选　10A 250V	暗装,距地1.3米
6		声光控节能自熄开关	型号自选　10A 250V	暗装,距地1.3米
7		普通二三联插座	型号自选　安全型插座　10A 250V	暗装,距地0.3米
8		卫生间插座 洗衣机插座	型号自选(防溅安全型)　10A 250V	暗装,距地1.3米
9		空调插座	型号自选　安全型插座　10A 250V	暗装,距地2.2米
10		厨房插座	型号自选(防溅安全型)　10A 250V	暗装,距地1.3米

图4-2　主要设备材料表

从平面图中可以看到配电箱、开关、插座等的具体位置，需要特别注意平面图中是否有特殊说明，在某工程地下二层动力平面图中（图4-3），注明洗消间的插座与材料表中给定的普通插座标高不同，为距地1.5m，此类信息一般不会在材料表中注明，实际工程中要注意修改，避免遗漏。

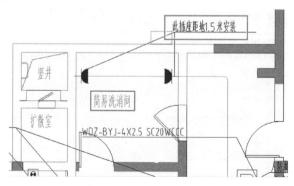

图4-3　平面图

4.1.2 软件处理

1.软件处理思路

软件处理思路与手算思路类似（图4-4），先进行列项告诉软件需要计算什么，通过识别的方式形成三维模型，识别完成后检查是否存在问题，确认无误后进行提量。

列项 → 识别 → 检查 → 提量

图4-4 软件处理思路（数量统计）

2.照明灯具、开关插座统计

（1）列项：软件中列项的方式基本分为两类。

① 通过"新建"功能手动列项。具体操作步骤为：点击"照明灯具"→新建→选择构件类型→修改属性信息。

a.点击"照明灯具"：注意切换到电气专业。

b.新建：在构件列表中点击"新建"，选择"新建灯具（只连单立管）"或"新建灯具（可连多立管）"如图4-5所示。

c.修改属性信息：需要修改名称、类型、规格型号、可连立管根数、标高等信息。如图4-6所示。

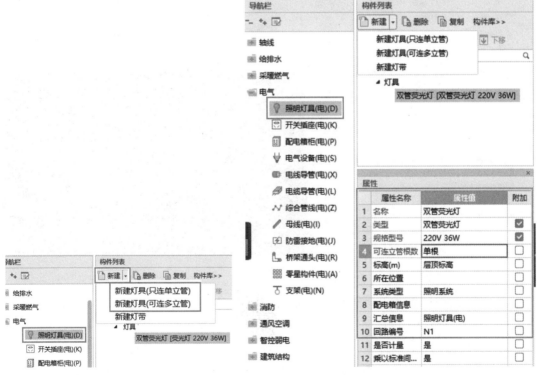

图4-5 新建灯具　　　　　　　　　　图4-6 灯具属性框

新建时注意事项：选择"只连单立管"后期识别管道时只生成一根立管；选择"可连多立管"则会根据此处CAD水平线端头数量生成对应根数的立管，如图4-7所示。

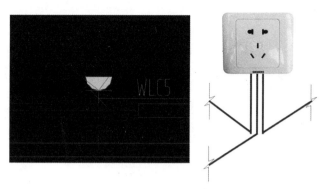

图 4-7　可连多立管生成示例

② 通过"材料表"功能批量列项。具体操作步骤为：点击照明灯具→"材料表"功能
→拉框选择→调整信息。

a. 点击照明灯具：注意切换到电气专业。

b. 点击"材料表"功能，框选 CAD 图纸中的材料表，被选中部分呈现蓝色，鼠标右
键确定（如果材料表未进行分割定位，注意在"图纸管理"中切换到"模型"，找到材料
表图纸），如图 4-8 所示。

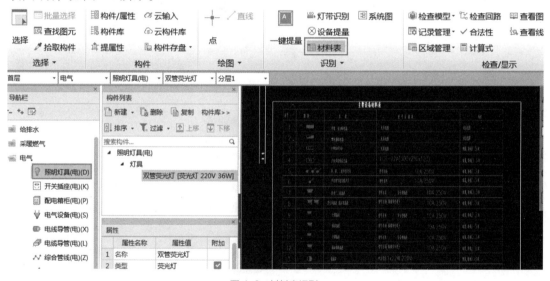

图 4-8　材料表识别

c. 选择对应列：在弹出"选择对应列"的窗口，在第一行空白部分下拉选择与本列内
容对应，将列项相关的信息如"设备名称""类型""规格型号""标高""对应构件"通过
对应的方式快速提取到软件中，如图 4-9 所示。

d. 标高：检查"标高"是否和材料表中信息匹配。如果不匹配，双击对应的信息手动
进行调整，可修改为相对标高的格式，例如厨房插座层底标高 +1.3。

e. 对应构件：材料表识别完成后，该构件归属到软件中哪种构件类型。

f. 所有构件调整完成后，点击确定，材料表识别完成。

以上两种方式均可完成列项，可自行选择。

图 4-9　材料表信息修改完善

（2）识别：照明灯具、开关插座等需要统计数量的均可以通过"设备提量"功能完成，它可以将相同图例的设备一次性识别出来，从而快速完成数量统计。具体操作步骤为：点击"设备提量"→选中需要识别的 CAD 图例→选择要识别的构件 →"选择楼层"→点击"确认"。

①点击"设备提量"：注意切换到电气专业。

②选中需要识别的 CAD 图例：点选或者框选需要识别的灯具的图例及标识（无标识可不选），被选中的灯具呈现蓝色，如图 4-10 所示。

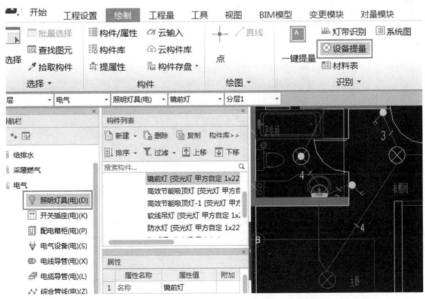

图 4-10　设备提量

③选择要识别的构件：在之前建立的构件列表中选择对应的灯具名称，如图 4-11 所示。

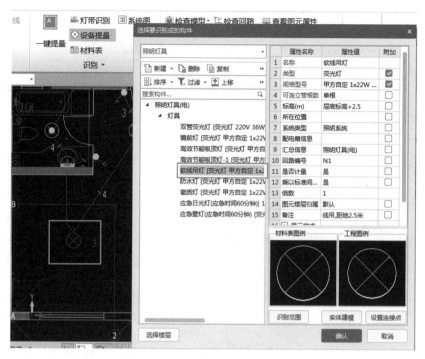

图 4-11　选择要识别成的构件

④选择楼层："设备提量"功能可以一次性识别全部或者部分楼层，通过"选择楼层"即可实现。如图 4-12 所示。

图 4-12　选择楼层

◆ 应用小贴士：

（1）非 CAD 块设备的提量顺序：先繁后简，先识别带标识的、线条多的，再识别简单的。如果均为非块图元（图4-13），按照上述原则，识别开关时需要先识别带标识的双联开关，再识别单联开关。识别荧光灯时需要先识别三管荧光灯，再识别双光荧光灯。

（2）一次性识别全楼层设备的方式：一键提量。

"一键提量"结果：一次性识别所有种类的设备，以电气为例：可以一次性识别并统计出全楼的灯具、开关、插座等数量。

"一键提量"功能原理：自动提取CAD中块图元的信息，如图例、名称、类型、距地高度等。

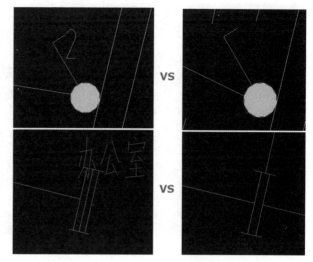

图 4-13　非块图元识别顺序

"一键提量"注意事项：①设备图例要求为块图元；②需要根据图纸调整信息；③此功能适用于所有专业。

"一键提量"具体操作步骤为：显示指定图层→任意选中某个要识别的设备图例→鼠标右键确认→点击"一键提量"→构件属性定义→选择楼层→点击确定。

①显示指定图层："一键识别"之前需要先对图纸进行过滤，因为图纸中的块图元很多，直接进行一键提量会提取出来很多非电专业的块图元，比如门窗、卫生器具等，所以一键提量之前需要对图纸进行筛选，即只显示需要算量的部分。

②任意选中某个要识别的设备图例：选中任一设备，和它同图层的设备均会被选中，如图4-14、图4-15所示。

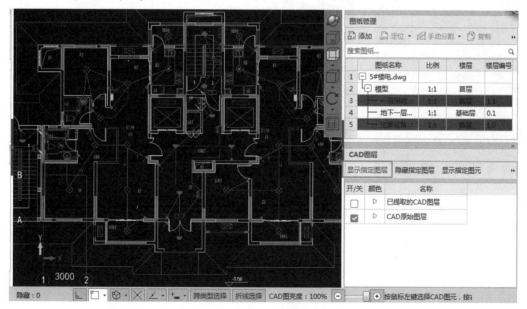

图 4-14　显示指定图层

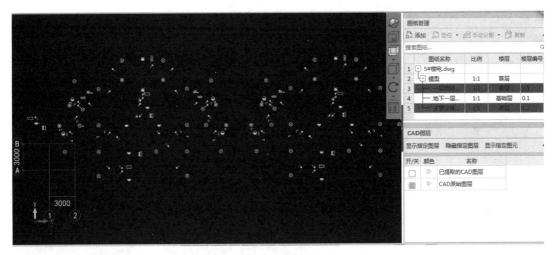

图 4-15　显示结果

③点击"一键提量"，修改构件属性信息：结合图纸情况进行属性信息的修改，如对应构件、名称、距地高度等（是否需要需改与 CAD 图有关）。如图 4-16 所示。

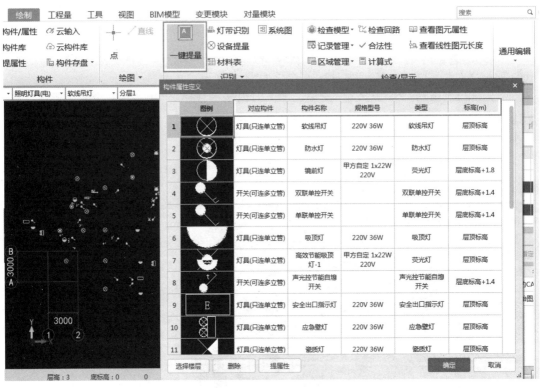

图 4-16　一键提量

④选择楼层："一键提量"功能可以一次性识别全部或者部分楼层，通过"选择楼层"即可实现。如图 4-17 所示。

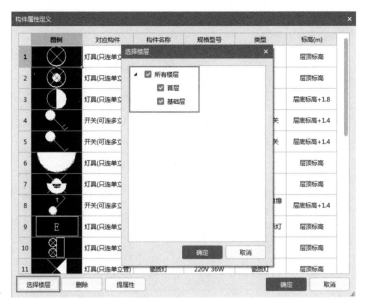

图 4-17　选择楼层

3. 配电箱柜统计

（1）列项：在"照明灯具、开关插座统计"中讲解过列项的方式有"新建"和"材料表"，对于配电箱柜同样适用，但是想要更便捷地对配电箱柜进行列项，建议采用"系统图"中的"提取配电箱"功能。具体操作步骤为：点击配电箱柜→系统图→提取配电箱→选择配电箱名称及尺寸→确定完成。

①点击配电箱柜：注意切换到电气专业下的"配电箱柜"。

②点击"系统图"功能。

③点击"提取配电箱"：在系统图中选择配电箱名称及尺寸信息，选中的信息会变为蓝色。如图 4-18、图 4-19 所示。

图 4-18　提取配电箱

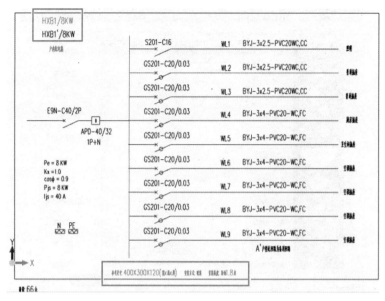

图 4-19　选择配电箱名称及尺寸信息

提取配电箱时注意事项：同系列配电箱（如 AL1、AL2、AL3……即为同系列配电箱）只需要提取一个，其他在后期进行"配电箱识别"时会自动反建。

（2）识别：配电箱的统计可以通过"配电箱识别"完成，它可以一次性识别一个系列的箱子，相比"设备提量"更加便捷。具体操作步骤为：点击"配电箱识别"→选择要识别的配电箱和标识→选择楼层→定位检查→"确定"完成。

①点击"配电箱识别"：注意导航栏切换到配电箱柜界面，点击"配电箱识别"。

②选择要识别的配电箱和标识：单击选择配电箱的图例及标识，选择其中一个即可。

③选择楼层："配电箱识别"可以全楼层识别也可以识别部分楼层，如图 4-20 所示。

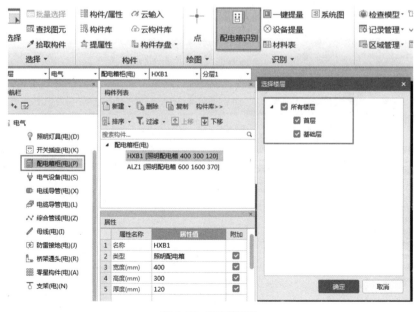

图 4-20　配电箱识别

④定位检查：配电箱识别完成后，点击定位检查可以看到工程中未识别的配电箱及未识别的原因，双击之后可以自动定位，继续识别即可。如图 4-21、图 4-22 所示。

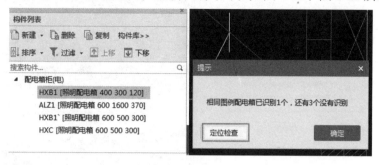

图 4-21　定位检查

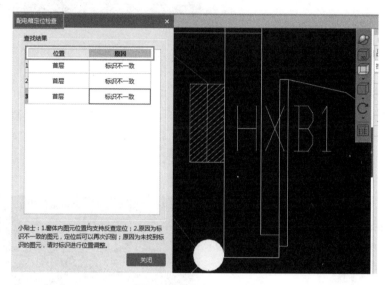

图 4-22　定位未识别配电箱

"配电箱识别"注意事项："配电箱识别"可以一次性识别一系列的箱子，并且可以自动反建构件，所以用"提取配电箱"列项时，一系列的配电箱只需提取其中一个。如图 4-23、图 4-24 所示。

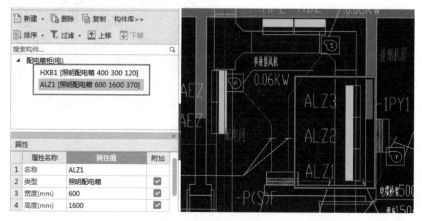

图 4-23　配电箱识别前

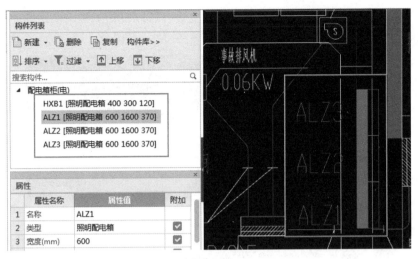

图 4-24 配电箱识别后

◆ 应用小贴士：

关于"是否计量"的使用：

楼层编号模式下，电气专业中同一个配电箱在照明和插座平面图中均会出现的情况比较常见，所以识别完成后就会出现算重的情况，此时只需将配电箱属性中的"是否计量"改为"否"即可。修改完成后此配电箱会变成红色，便于大家区分。后期统计工程量的时候该配电箱不计算数量，但是进入该配电箱的线缆会正常计算预留。如图 4-25 所示。

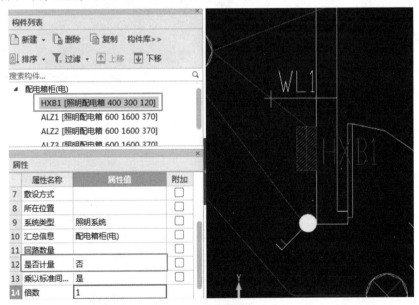

图 4-25 是否计量

修改属性时注意事项："是否计量"为私有属性，所以需要先选中已识别的配电箱再进行属性的修改。

软件中的属性分为"私有属性"和"公有属性"，如果是私有属性，如上文提到的"是否计量"，需要先选中图元再修改属性（如需要先选中已识别的配电箱，再修改是否计量），并且只修改当前选中的图元，其余不修改。如果是"公有属性"，无须选中图元则能直接修改，并且所有相同图元会同步修改。

4. 设备检查

软件中数量识别完成后检查的方式有两种："漏量检查"和"CAD亮度"。

（1）"漏量检查"原理：对于没有识别的块图元进行检查。具体操作步骤为：点击"检查模型"→选择"漏量检查"（图4-26）→图形类型设备→点击"检查"→未识别CAD块图元全部被检查出来（图4-27）→双击未识别的图例定位到图纸相应位置"设备提量"，对未识别的设备补充识别。

图4-26 漏量检查

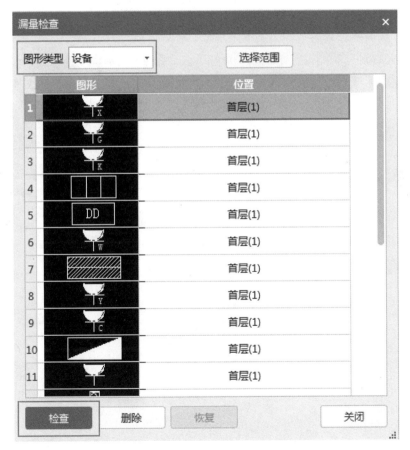

图4-27 漏量检查窗体

（2）"CAD亮度"原理：通过调整CAD底图亮度核对图元是否已识别，亮显图元代表已识别，未亮显图元代表未识别，如图4-28所示。

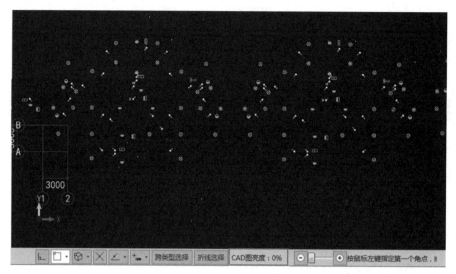

图 4-28　CAD 亮度

5. 提量

数量统计完成，可以使用"图元查量"查看已提取工程量。具体操作步骤为：点击"图元查量"→框选需要查量的范围→基本工程量。

（1）"图元查量"功能在"工程量"页签下，如图 4-29 所示。

（2）在绘图区域框选需要查量的范围，即可出现图元基本工程量，如图 4-30 所示。

	构件名称	数量(个)
1	单向疏散指示灯	3.000
2	吸顶灯	16.000
3	安全出口指示灯	7.000
4	应急壁灯	7.000
5	瓷质灯-1	6.000
6	软线吊灯	55.000
7	镜前灯	12.000
8	防水灯	22.000
9	高效节能吸顶灯-1	6.000

图 4-29　图元查量

图 4-30　工程量

4.2　长度统计

4.2.1　业务分析

1. 计算规则依据

从《通用安装工程工程量计算规范》GB 50856—2013 可以看出配管、线槽、桥架均按设计图示尺寸以长度计算，配线按设计图示尺寸以单线长度计算，并且考虑预留长度，如配线进入各种开关箱、柜、板的预留长度为宽＋高，也就是配电箱的盘面尺寸。如表 4-2、表 4-3 所示。

清单计算规则（配管、线槽等） 表 4-2

项目编码	项目名称	项目特征	计量单位	工程量计算规则	工作内容
030411001	配管	1. 名称 2. 材质 3. 规格 4. 配置形式 5. 接地要求 6. 钢索材质、规格			1. 电线管路敷设 2. 钢索架设(拉紧装置安装) 3. 预留沟槽 4. 接地
030411002	线槽	1. 名称 2. 材质 3. 规格	m	设计图示尺寸以长度计算	1. 本体安装 2. 补刷（喷）油漆
030411003	桥架	1. 名称 2. 型号 3. 规格 4. 材质 5. 类型 6. 接地方式			1. 本体安装 2. 接地
030411004	配线	1. 名称 2. 配线形式 3. 型号 4. 规格 5. 材质 6. 配线部位 7. 配线线制 8. 钢索材质、规格	m	按设计图示尺寸以单线长度计算（含预留长度）	1. 配线 2. 钢索架设(拉紧装置安装) 3. 支持体（夹板、绝缘子、槽板等）安装

清单计算规则（预留长度） 表 4-3

序号	项目	预留长度（m）	说明
1	各种开关箱、柜、板	高＋宽	盘面尺寸
2	单独安装（无箱、盘）的铁壳开关、闸刀开关、启动器、线槽进出线盒等	0.3	从安装对象中心起算
3	由地面管子出口引至动力接线箱	1.0	从管口计算
4	电源与管内导线连接（管内穿线与软、硬母线接点）	1.5	从管口计算
5	出户线	1.5	从管口计算

电力电缆和控制电缆，同样按设计图示尺寸以长度计算（表 4-4），只是要考虑预留长度及附加长度，电缆敷设具体的预留及附加长度参见表 4-5，电缆头按数量计算如表 4-6 所示。

清单计算规则（电力电缆、控制电缆）   表 4-4

项目编码	项目名称	项目特征	计量单位	工程量计算规则	工作内容
030408001	电力电缆	1. 名称 2. 型号 3. 规格	m	按设计图示尺寸以长度计算（含预留长度及附加长度）	1. 电缆敷设 2. 揭（盖）盖板
030408002	控制电缆	4. 材质 5. 敷设方式、部位 6. 电压等级（KV） 7. 地形			
030408003	电缆保护管	1. 名称 2. 材质 3. 规格 4. 敷设方式		按设计图示尺寸以长度计算	保护管敷设

清单计算规则（电缆预留长度）   表 4-5

序号	项目	预留（附加）长度	说明
1	电缆敷设弛度、波形弯度、交叉	2.5%	按电缆全长计算
2	电缆进入建筑物	2.0m	规范规定最小值
3	电缆进入沟内或吊架时引上（下）预留	1.5m	规范规定最小值
4	变电所进线、出线	1.5m	规范规定最小值
5	电力电缆终端头	1.5m	检修余量最小值
6	电缆中间接头盒	两端各留 2.0m	检修余量最小值
7	电缆进控制、保护屏及模拟盘、配电箱等	高＋宽	按盘面尺寸
8	高压开关柜及低压配电盘、箱	2.0m	盘下进出线
9	电缆至电动机	0.5m	从电动机接线盒算起
10	厂用变压器	3.0m	从地坪起算
11	电缆绕过梁柱等增加长度	按实计	按被绕物的断面情况计算增加长度
12	电梯电缆与电缆架固定点	每处 0.5m	规范规定最小值

清单计算规则（电缆头）   表 4-6

项目编码	项目名称	项目特征	计量单位	工程量计算规则	工作内容
030408006	电力电缆头	1. 名称 2. 型号 3. 规格 4. 材质、类型 5. 安装部位 6. 电压（kV）	个	按设计图示数量计算	1. 电力电缆头制作 2. 电力电缆头安装 3. 接地
030408007	控制电缆头	1. 名称 2. 型号 3. 规格 4. 材质、类型 5. 安装方式			

1

2.分析图纸

电气专业长度统计分为照明系统长度统计和动力系统长度统计，主要涉及图纸为系统图和平面图，系统图中包括电气干线系统图及配电箱系统图，以此了解各配电箱之间的供电关系及回路的具体信息。如图 4-31、图 4-32 所示。

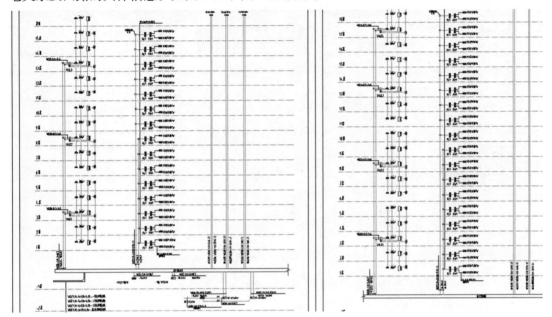

图 4-31　电气干线系统图

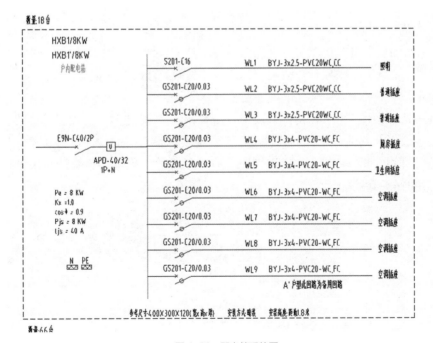

图 4-32　配电箱系统图

识别时主要是在平面图中进行，包括照明、插座平面图及动力平面图。平面图中除了能够看到各回路的走向之外，还要注意是否有相应的注释说明，如图 4-33 所示。

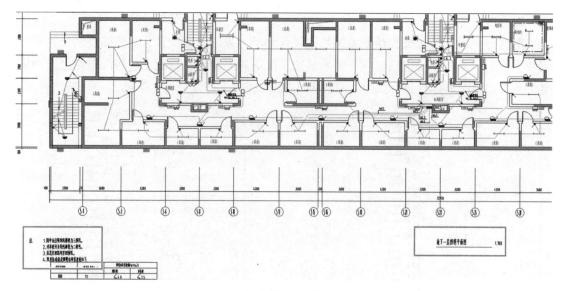

图 4-33　平面图

4.2.2　软件处理

1. 软件思路

长度统计的软件处理思路与数量统计相同，如图 4-34 所示。

图 4-34　软件处理思路（长度统计）

2. 照明系统长度统计

（1）列项：列项的方式仍然可以采用"新建"功能，即根据图纸进行构件的手动建立。具体操作步骤为：点击电线导管→新建→选择构件类型→修改属性信息。

①点击电线导管：注意切换到电气专业—电线导管。

②新建→选择构件类型：在构件列表中点击"新建"，新建时会有配管、桥架、组合管道、线槽、电线以及其他等不同的构件类型。一定要选择对应的构件进行新建，此处直接新建"配管"即可（图 4-35），后期识别完成后管和线的工程量均会统计出来（其他构件后续会在使用时分别讲解）。

图 4-35　新建配管

③修改属性信息：需要修改名称、材质、管径、导线规格型号、标高等信息，如图 4-36 所示。

新建时注意事项：前述配电箱统计小节的"应用小贴士"中介绍过公有属性和私有属性的区别，采用"新建"的方式列项可以遵循如下原则：只要属性中蓝色字体（名称、材质、管径）一致的配管就无须重复新建，建立一次即可。黑色字体（导线规格、标高等）不同的在后期识别时直接修改即可。如：管径为 20mm 的 PVC 管，有的回路中线型为 BYJ-3 × 2.5，有的回路中线型为 BYJ-3 × 4，新建构件时，只需要如图 4-36 所示新建一次即可，导线规格、标高等在后期识别时再直接修改。

图 4-36　修改属性信息

（2）识别：

① 识别墙：识别回路之前，必须先识别墙。因为只有先识别出墙，后期识别出来的管线才会计算到墙体中。具体操作步骤为：切换到"建筑结构"墙构件→点击"自动识别"→鼠标右键选择楼层→"确定"生成。

a. 切换到"建筑结构"墙构件：注意墙识别前要切换到墙构件下。

b. 点击自动识别：通过"自动识别"功能完成墙的识别，如图 4-37 所示。

图 4-37　识别墙

c. 鼠标右键选择楼层：墙体"自动识别"功能可以一次性识别全部或者部分楼层的墙体，点击鼠标右键即可选择要识别的楼层。如图 4-38 所示。

d. "确定"生成：确定后，墙体生成，并且自动反建构件。如图 4-39 所示。

图 4-38　选择楼层

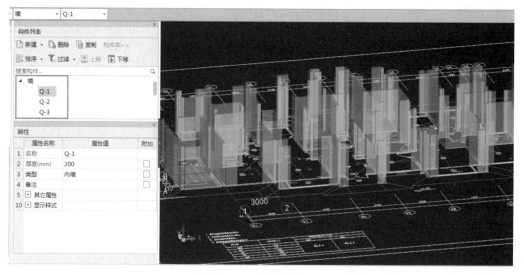

图 4-39　墙识别完成

◆ 应用小贴士：

三维效果图的查看方法：动态观察。

识别完成后会生成相应的图元，如需查看三维效果，点击"动态观察"即可，并且可以通过拖动鼠标使图元进行旋转，找到合适的视角，此功能适用于全专业。具体操作步骤为：直接点击绘图界面右侧悬浮窗口（图 4-40）或者切换到视图界面→点击"动态观察"，如图 4-41 所示。

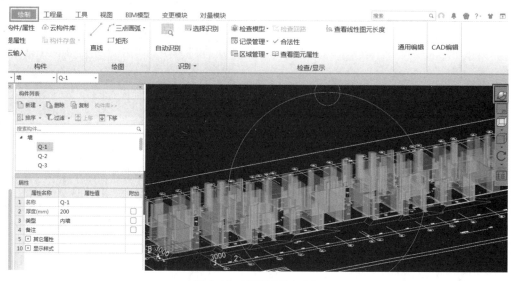

图 4-40　悬浮窗口动态观察

图 4-41　视图窗口动态观察

② 多回路识别：电线导管可以使用"多回路"功能识别，它能够一次性识别多条回路。具体操作步骤为：切换到"电线导管"→点击"多回路"→选择回路中的一根 CAD 线及其回路编号→鼠标右键确认→选择"回路共用模式"→设置回路信息→"确定"生成回路。

a. 切换到"电线导管"：识别电线时切换到"电线导管"界面。同理，如果识别的是电缆，就需要切换到"电缆导管"界面。

b. 点击多回路：单击"多回路"功能，可以一次性识别多条回路，具体识别几条可自行决定。如图 4-42 所示。

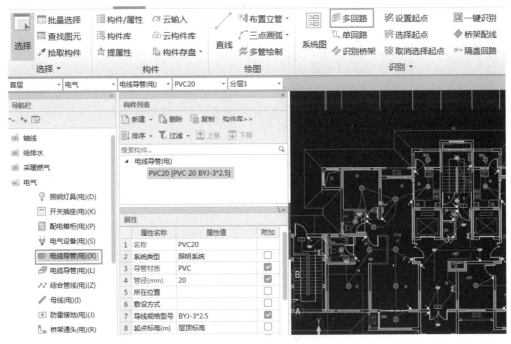

图 4-42　多回路

c. 选择回路中的一根 CAD 线及其回路编号：选中需要识别的回路中的任何一段 CAD 线，整条回路都会被选中，呈现蓝色。有回路编号的选择回路编号，之后点击鼠标右键，整条回路即选择完成。其他回路按同理选择即可。

d. 鼠标右键确认→选择"回路共用模式"：回路选择完成之后，点击鼠标右键进入回路信息的设置界面。此处建议采用"回路共用模式"，因为一般照明系统中末端户型内配电回路基本类似，采用此功能可以快速完成回路信息的设置。如图 4-43 所示。

图 4-43　回路共用模式

　　e. 设置回路信息：左侧窗体显示的是需识别回路所归属的配电箱信息、回路编号，右侧窗体为导线根数、配管名称、管径、导线规格型号等信息。左侧窗体核实确认配电箱信息和回路编号无误后，在右侧窗体中双击"构件名称"列会出现一个"…"图标，点击进入即可根据图纸选择对应的管线信息，如本工程中默认的穿线根数为 3 根线，所以直接按照系统图进行相应型号管线的选择（图 4-44），此外还需要选择回路中穿其他根数的配管型号，方法同上。另外如果线型与上边所选线型相同也可以直接选中右下角方框进行拖拽。如图 4-45、图 4-46 所示。

图 4-44　选择要识别的构件

图 4-45 拖拽

图 4-46 拖拽完成

　　目前已完成一条回路中不同穿线根数的配管及配线的型号设置，双击"导线根数"列可定位至 CAD 底图进行反查，保证回路识别的准确性。对于照明系统中其他回路多数配置都是一样的，可以直接通过"同步"功能快速匹配，如图 4-47 所示。

　　f. "确定"生成回路：点击"确定"功能即可生成回路，并且水平管与灯具、开关插座等之间因为高差产生的立管会自动生成。对于未识别的回路按同理操作即可。如图 4-48

所示。

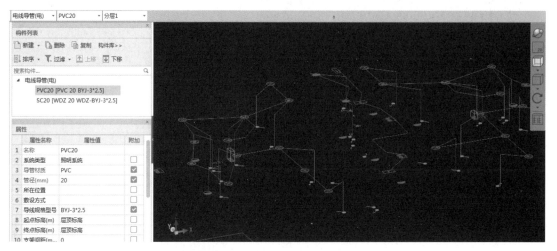

图 4-47　反查和同步

图 4-48　回路识别完成三维效果图

多回路识别注意事项：

① 识别回路之前一定要先完成设备（灯具、开关、插座、配电箱柜等）的识别，即先数数量再量长度。

② 路径反查：双击导线根数列中要反查的导线根数的单元格，点击"..."图标，即可反查到图纸上。反查段为绿色亮显时，路径不正确，鼠标左键选择线段取消选择；少选的线段同样使用点选修正路径。

（3）检查：回路识别完成后可以通过"检查回路"功能进行检查。

检查回路原理：动态显示，模拟电流，检查整条回路的走向及工程量的准确性。具体操作步骤为：点击"检查回路"→选中回路中任意一段→查看回路完整性及工程量，如图 4-49 所示。

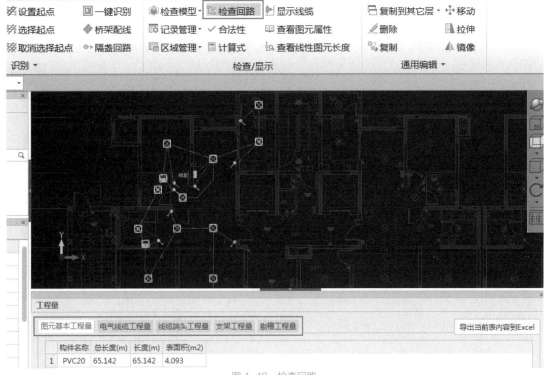

图 4-49　检查回路

（4）提量：长度统计完成后，仍然可以使用"图元查量"查看已提取工程量。具体操作步骤为：点击"图元查量"→框选需要查量的范围→基本工程量。

① "图元查量"功能在"工程量"页签下，如图 4-50 所示。

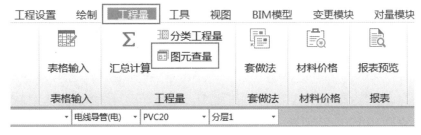

图 4-50　图元查量

② 在绘图区域框选需要查量的范围，即可出现图元基本工程量（图 4-51），需注意：

a. "图元基本工程量"：配管的工程量。

b. "电气线缆工程量"：配线的工程，包含预留长度。

c. "线缆端头工程量"：电线或者电缆进入配电箱才会统计工程量，如一根电缆导管一端与配电箱相连时软件计算的线缆端头数量为 1（个）电缆头；一根 BV-2×2.5 穿 PVC20 的电线导管一端与配电箱相连，软件计算的线缆端头数量为 2（个）接线端子。

d. "支架工程量"：建立配管时属性中输入"支架间距"即会自动计算支架数量。

e. 剔槽工程量：工程中有剔槽时可单独统计剔槽工程量，具体方法会在"应用小贴士"中详细说明。

图 4-51　管线工程量

◆ 应用小贴士：

（1）引上引下管识别：布置立管。

竖向构件均可通过"布置立管"完成，引上线或者引下线也是如此。具体操作步骤为：新建配管→修改属性信息→点击"布置立管"→修改标高→单击完成立管布置。

①新建配管：操作方式与前文相同，此处不再赘述。

②修改属性信息：修改属性时除了修改名称、管径、材质、导线规格、标高等，建议同时修改配电箱信息和回路编号，方便后期提量。如图 4-52 所示。

	属性名称	属性值	附加
1	名称	SC20	
2	系统类型	照明系统	☐
3	导管材质	WDZ	☑
4	管径(mm)	20	☑
5	所在位置		☐
6	敷设方式		☐
7	导线规格型号	WDZN-BYJ-4*2.5	☑
8	起点标高(m)	层顶标高	☐
9	终点标高(m)	层顶标高	☐
10	支架间距(mm)	0	☐
11	汇总信息	电线导管(电)	☐
12	备注		☐
13	⊞ 计算		
2	⊟ 配电设置		
2	├ 配电箱信息	ALE1	☐
2	├ 末端负荷		☐
2	└ 回路编号	L3	☐
24	⊞ 剔槽		
27	⊟ 显示样式		
28	├ 填充颜色		

图 4-52　修改属性信息

③点击"布置立管"：点击"电线导管"界面的"布置立管"功能，选择对应的构件。如图 4-53 所示。

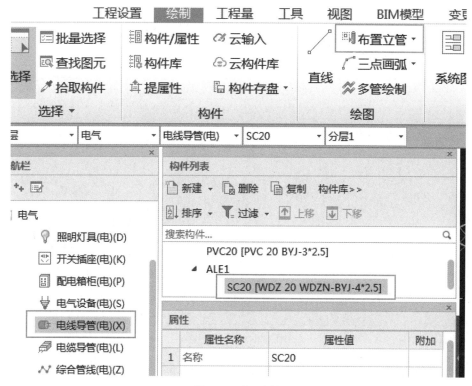

图4-53　布置立管

④修改标高：根据图纸调整起点及终点标高。可以直接输入具体标高值，也可以输入相对标高（图4-54），其中5F+2.2m表示"五层层底标高+2.2m"。在相应位置单击即可完成立管布置。

图4-54　修改立管标高

（2）照明灯具与水平管线通过金属软管连接的情况：修改连灯具立管材质。

工程中会出现照明灯具与水平管线通过金属软管连接的情况，如图4-55所示。

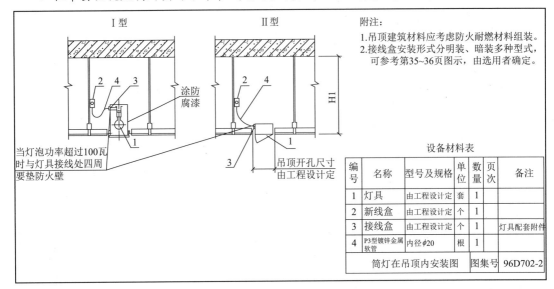

图4-55　金属软管连接

此时只需要在进行回路识别时修改"连灯具立管材质"即可，如图4-56所示。

图4-56　连灯具立管材质

（3）剔槽的处理：

方法1：修改属性。选中配管→修改"是否计算剔槽"为"是"（因为"是否计算剔槽"是黑色字体，为私有属性，所以需要先选中电线导管图元再修改），如图4-57所示。

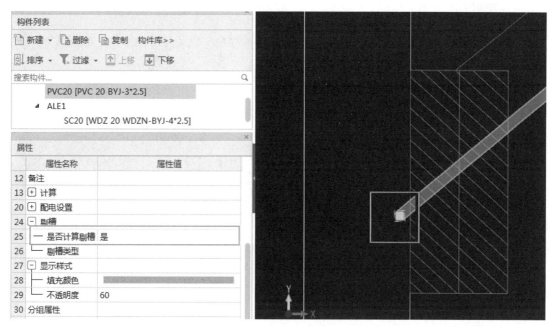

图 4-57　是否计算剔槽

方法 2：修改墙体类型。选中需要修改的墙图元→将属性中墙体类型修改为"砌块墙"（墙体类型也是私有属性，同样需要先选中墙图元再进行修改），如图 4-58 所示。

图 4-58　墙体类型

方法 3：导入土建模型。如果有土建的三维模型，直接导入到安装计量软件中，同样可以自动区分出剔槽工程量，具体操作步骤为：切换到 BIM 模型→导入土建模型→添加参照模型→设置构件楼层→"确定"导入。

① 切换到 BIM 模型：注意切换到 BIM 模型界面。

② 导入土建模型：选择"导入土建模型"功能。

③ 添加参照模型：选择要导入的土建模型，注意导入的文件后缀为".gshmd"在土建计量软件中直接导出即可生成。如图4-59所示。

图4-59　导入土建模型

④ 设置构件楼层：先选择要导入的构件类型（剪力墙、砌块墙），再选择楼层对应关系及定位方式，确认即可导入。砌体墙位置的配管自动统计为剔槽长度。如图4-60、图4-61所示。

图4-60　选择构件类型

3. 动力系统长度统计

（1）桥架统计。

① 直线绘制。具体操作步骤为：点击"电线导管"→新建桥架→完善属性信息→直线绘制。

a. 点击"电线导管"：虽然"电缆导管"里也可以新建桥架，但是如果要隐藏桥架在键

盘上按"L"，桥架和电缆都会被隐藏；而在"电线导管"里新建桥架，在键盘上按"X"，
桥架里的电缆还会显示。

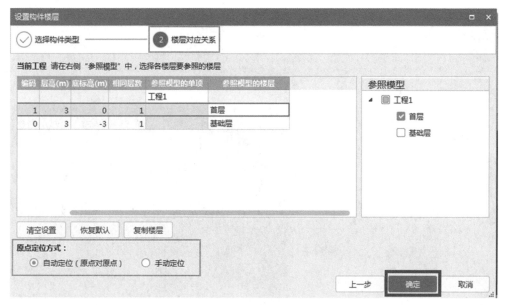

图 4-61　楼层对应关系

b. 新建：在构件列表中点击"新建"，选择"桥架"。

c. 完善属性信息：名称、宽度、高度、标高等信息，如图 4-62 所示。

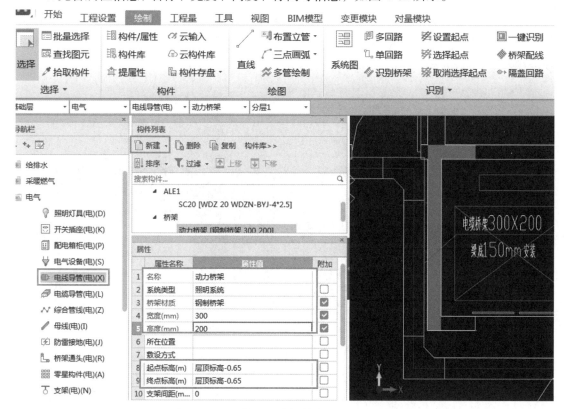

图 4-62　新建桥架

　　d. "直线"绘制：点击"直线"功能，选择之前建立的桥架构件，在平面图上绘制桥架。如图 4-63 所示。

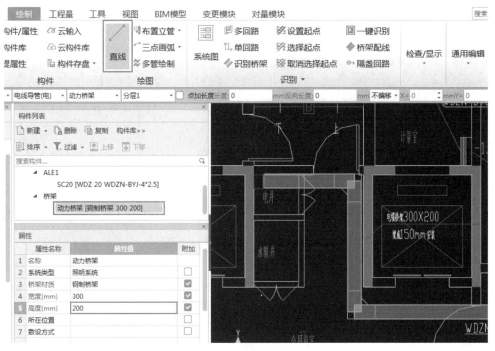

图 4-63　直线绘制

　　② 识别桥架。桥架也可以通过"识别桥架"功能完成，具体操作步骤为：点击"识别桥架"→选择桥架两侧边线及标识（标识可不选）→修改构件信息→"确认"生成。如图 4-64 所示。

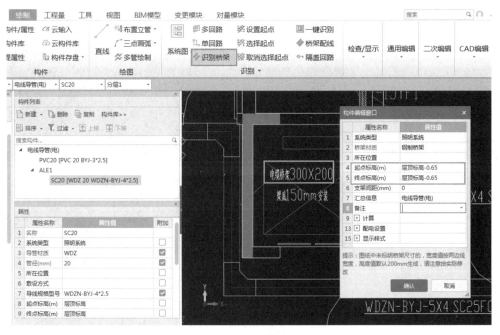

图 4-64　识别桥架

识别桥架时注意：

a.桥架命名时最好结合图纸进行区分，如动力桥架、消防桥架。

b.如果有桥架断开没有连续识别，可采用"延伸"功能处理。具体操作步骤为：点击"通用编辑"→点击"延伸"→选择延伸边界线→选择要延伸的构件图元→鼠标右键退出"延伸"功能。如图 4-65 所示。

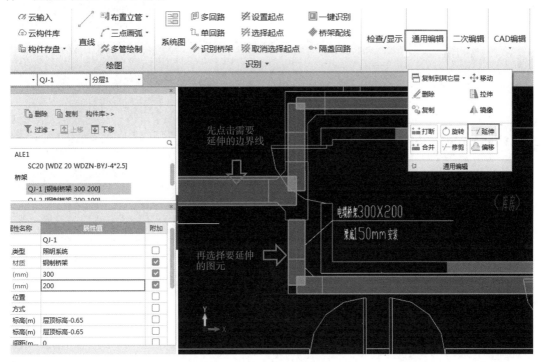

图 4-65　延伸

③ 跨层桥架处理。跨层竖向桥架一般从地下室到顶层都会有，可以通过"布置立管"一次将贯通整栋楼的某一根竖向桥架进行布置。"布置立管"具体操作步骤为：点击"布置立管"→输入标高信息→选择桥架→点画布置（图 4-66）。

a.点击"布置立管"，在弹窗中输入起点标高和终点标高信息（具体输入方式与前文照明系统长度统计→应用小贴士→引上引下管处理相同）。

b.构件列表中选择具体规格的桥架，如果没有需要的规格，则进行"新建"。

c.点画布置到平面图，让水平桥架和竖向桥架相通。

（2）线缆统计。

① 列项。仍然可以通过"新建"功能手动列项，操作方式前面章节已详细讲解，此处不再赘述。此处重点讲解批量列项的方式："系统图"功能。它是通过识别系统图提取系统图中的回路信息、导线规格型号，快速建立构件，形成配电系统树，理清各配电箱及回路之间的供电关系。具体操作步骤为：点击"系统图"功能→选择配电箱→读系统图→框选系统图→检查完善信息→"确定"完成列项。

a.点击"系统图"功能：注意如果统计的是电缆工程量，需切换到"电缆导管"界面。如图 4-67 所示。

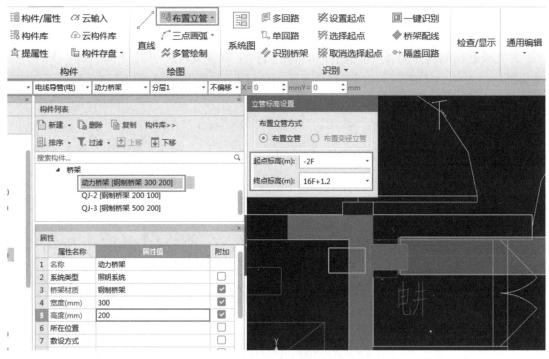

图 4-66　跨层桥架处理

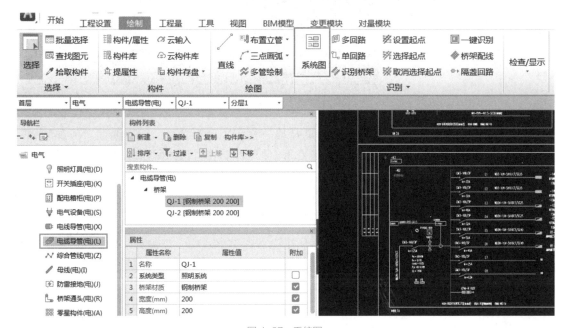

图 4-67　系统图

b. 选择配电箱：选择要识别的配电箱，如果之前未提取，需要点击"提取配电箱"功能进行提取（具体提取方式可参见数量统计—配电箱柜统计章节）。

c. 读系统图：点击"读系统图"功能，如图 4-68 所示。

d. 框选系统图：找到对应配电箱的系统图，框选系统图信息，鼠标右键即回到"系统图"功能界面。

图 4-68　读系统图

e. 检查完善信息：图纸情况不同，读取系统图之后可能出现信息不全的情况，此时只需要自行补充或者点击列名称后的 "..." 按钮重新提取即可。如图 4-69 所示缺少回路编号，点击 "..." 按钮回到 CAD 图，只框选回路编号即可。

图 4-69　"..." 按钮重新提取

重新提取之后的情况如图 4-70 所示。

f. 点击 "确定" 完成列项：确认读取的信息没有问题后即可点击 "确定"，完成批量列项。其他配电箱的列项方式相同。如图 4-71 所示。

图 4-70　重新提取之后

图 4-71　构件列表

②识别。桥架中线缆的统计分为两种情况：

第一种情况：配电箱和配电箱之间既有桥架又有管的情况，此时采用的功能是"设置起点"和"选择起点"。具体操作步骤为：设置起点→选择起点→选择配管→选择对应楼层起点→鼠标右键确认完成。

a.设置起点：设置线缆在桥架内的起算点，在总配电箱的位置"设置起点"，告诉软件它的起算位置在哪。点击"设置起点"，将配电箱的顶标高（立管底标高）设置为起点，设置好的起点以黄色的叉号显示。如图 4-72 所示。

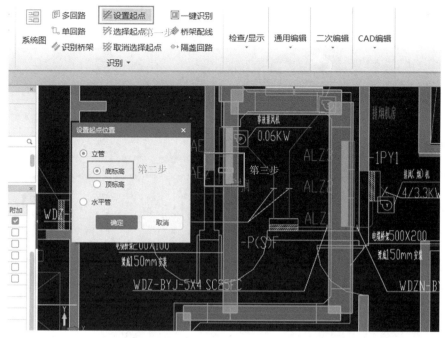

图 4-72 设置起点

b.选择起点：需要计算哪个回路桥架 / 线槽内线缆，要先选择该回路桥架 / 线槽内线缆结束位置的配管或者配线，就是告诉软件，这个从总配电箱到该分配电箱配的回路桥架内线缆要计算到哪。选择起点之前一定要先完成"设置起点"的操作。

c.选择配管：选择需要计算桥架 / 线槽内线缆工程量的回路与桥架相连的配管。如图 4-73 所示。

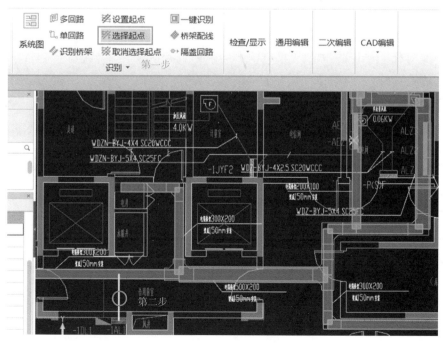

图 4-73 选择起点

d. 选择对应楼层起点：选择配管之后点击右键即进入"切换起点楼层"界面。设置好的起点如果不在当前层，可以通过切换楼层查找选择；如果在当前层，直接单击选择即可。此时设置好的起点呈粉色显示。如图 4-74 所示。

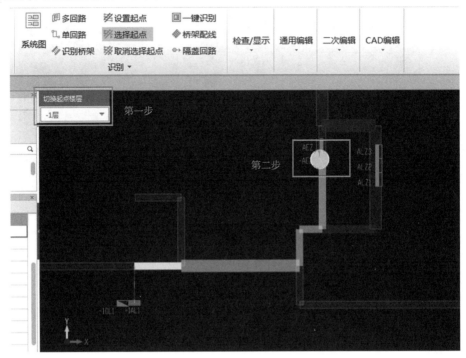

图 4-74　切换起点楼层

e. 鼠标右键确认：点击鼠标右键则完成桥架中线缆的计算。选择完起点的配管会呈黄色显示，方便大家区分。如图 4-74 所示后期统计工程量的时候，电缆会从配电箱 -1AL1 沿所选路径计算到 -AEZ。

第二种情况：配电箱和配电箱之间全部通过桥架连接，此时采用的功能是"桥架配线"。具体操作步骤为：新建电缆→点击"桥架配线"→选择一头一尾两段桥架→选择配线→"确定"完成。

a. 新建电缆：切换到"电缆导管"界面，根据图纸新建电缆，修改名称、规格等属性信息。注意这里新建的是单独的电缆构件，即不包含配管，只有电缆。如图 4-75 所示。

b. 点击"桥架配线"：鼠标左键点击"桥架配线"功能。

图 4-75　新建电缆

　　c.选择一头一尾两段桥架："桥架配线"功能是要在桥架内敷设线缆，通过选择一头一尾两段桥架就可以确定线缆敷设的路径。如需要给配电箱 -AEZ 和 -1DL2 之间的桥架配线，选择桥架的时候不用将两个配电箱之间的桥架全部选中，只需要选择与两个配电箱相连的两段桥架即可。选中之后整个路径呈绿色显示，方便检查区分。如图 4-76 所示。

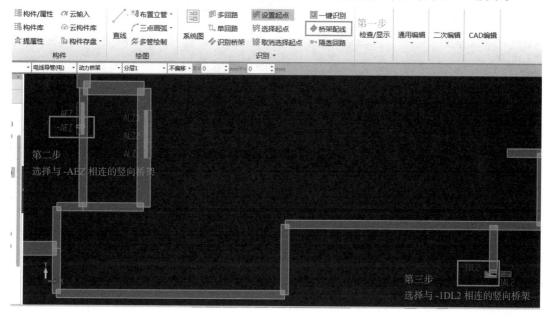

图 4-76　桥架配线

　　d.选择配线：选择桥架中敷设的电缆，此电缆即为之前新建的电缆构件。注意修改配线根数，输入几根则生成几根。配电箱信息和回路编号录入回路配电信息，确定即可完成配线。如图 4-77、图 4-78 所示。

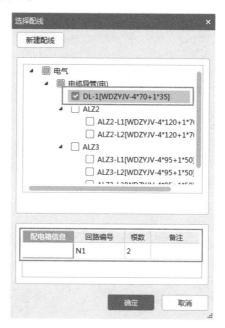

图 4-77　选择配线

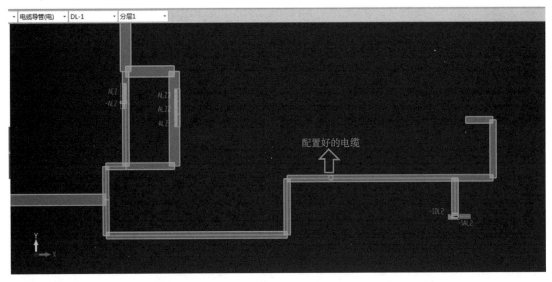

图 4-78　配线结果

　　"桥架配线"注意事项：如果是跨层桥架的桥架配线，操作步骤基本一致，但因为总配电箱和分配电箱不在同一楼层，所以需要通过"显示设置"和"选择楼层"将需要的楼层及构件全部显示出来，之后再操作"桥架配线"即可。整体操作步骤为：新建电缆→显示设置→选择楼层→点击"桥架配线"→选择一头一尾两段桥架→选择配线→"确定"完成。如图 4-79 所示。

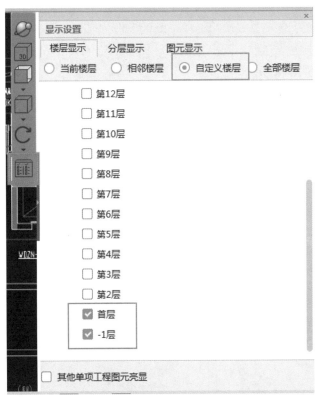

图 4-79　显示设置和选择楼层

◆ 应用小贴士：

（1）出桥架金属软管处理：修改名称。

沿顶板敷设的电线导管与桥架连接处有时会采用金属软管进行连接，此时需要通过"修改名称"完成。具体操作步骤为：新建金属软管构件→选中需要修改的配管→鼠标右键"修改名称"→选择目标构件（建设在选择起点之前进行修改，否则需要重新选择起点）。如图 4-80、图 4-81 所示。

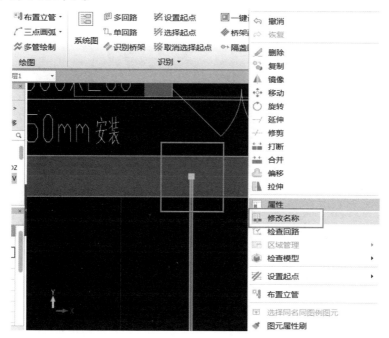

图 4-80 修改名称

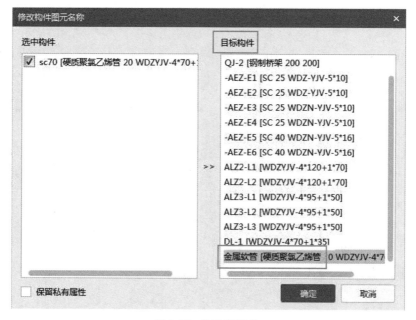

图 4-81 选择目标构件

（2）回字形桥架处理：编辑路径。

工程中有时会遇到回字形桥架，选择起点时软件默认选择的路径有可能和实际工程不一致，此时需要通过"编辑路径"的方式选择正确的布线路径。具体操作步骤与上文讲述的"选择起点"基本一致，只是在选择起点之后如果发现路径不对，重新选择正确的路径即可。如本工程中选择起点之后默认选择路径1，如图4-82所示。

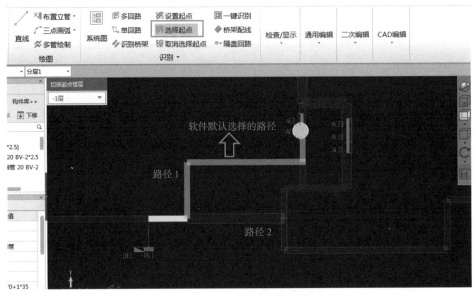

图4-82　软件默认路径

假设需要走路径2，此时只要单击软件中蓝色部分即可编辑路径（软件中蓝色为可编辑的路径），如图4-83所示。

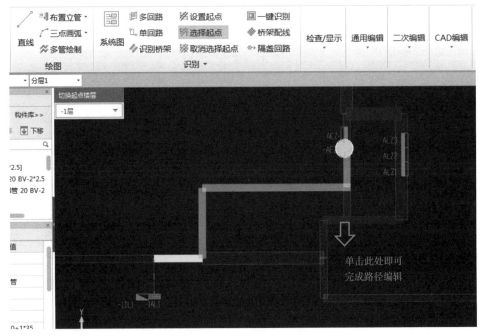

图4-83　编辑路径

编辑路径后电缆的走向如图 4-84 所示。

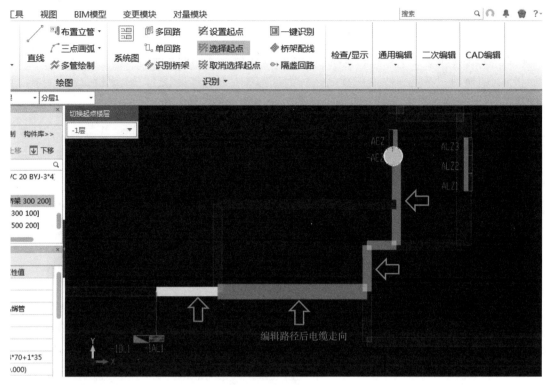

图 4-84　编辑路径后

4.3　零星统计

4.3.1　业务分析

计算规则依据：本节重点讲解接线盒和防火堵洞的统计，从《通用安装工程工程量计算规范》GB 50856—2013 可以看出接线盒和防火堵洞都是按数量进行统计。如表 4-7 所示。

清单计算规则（接线盒等）　　　　　表 4-7

项目编码	项目名称	项目特征	计量单位	工程量计算规则	工作内容
030411006	接线盒	1. 名称 2. 材质 3. 规格 4. 安装形式	个	按设计图示数量计算	本体安装
030408008	防火堵洞	1. 名称 2. 材质 3. 方式 4. 部位	处	按设计图示数量计算	安装

注：配线保护管遇到下列情况之一时，应增设管路接线盒和拉线盒：（1）管长度每超过 30m，无弯曲；（2）管长度每超过 20m，有 1 个弯曲；（3）管长度每超过 15m，有 2 个弯曲；（4）管长度每超过 8m，有 3 个弯曲。

垂直敷设的电线保护管遇到下列情况之一时，应增设固定导线用的拉线盒：（1）管内导线截面为 50mm² 及以下，长度每超过 30m；（2）管内导线截面为 70 ~ 95mm²，长度每超过 20m；（3）管内导线截面为 120 ~ 240mm²，长度每超过 18m。在配管清单项目计量时，设计无要求时上述规定可以作为计量接线盒、拉线盒的依据

4.3.2 软件处理

1.接线盒统计

对于接线盒的统计需要采用"生成接线盒"功能，具体操作步骤为：切换到"零星构件"→"生成接线盒"→新建接线盒→修改属性信息→选择图元→"确定"生成。

（1）切换到"零星构件"：需要切换到零星构件界面，才能找到"生成接线盒"功能。

（2）"生成接线盒"：单击"生成接线盒"功能。如图4-85所示。

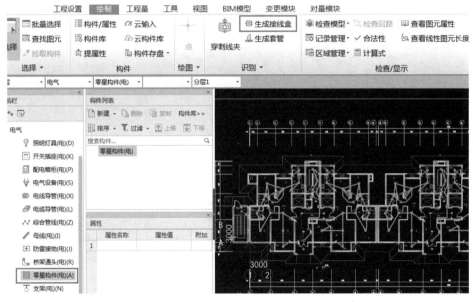

图4-85 生成接线盒

（3）新建接线盒→修改属性信息：新建接线盒时要注意修改名称、类型、规格等信息。建议名称上直接做区分，如命名为灯头盒、开关盒等。如图4-86所示。

图4-86 新建接线盒

（4）选择图元：生成接线盒功能可以同时完成灯具、开关插座、配管上的接线盒的生成，因为要区分不同的类型和材质，所以需要选择生成的图元。如要生成灯头盒，则选择图元的时候只勾选"照明灯具"（图4-87），如要生成开关盒则只需勾选"开关插座"即可。

图 4-87　选择图元

"生成接线盒"注意事项：对于配管上接线盒的生成原则，软件是按照上述清单规则进行的内置，如果图纸设计说明有不同于清单规则的其他要求，可根据实际自行调整计算设置。如图4-88所示。

图 4-88　接线盒计算设置

2. 防火堵洞统计

软件中没有专门的防火堵洞构件，如果想把三维模型体现到工程中可以采用构件替代的方式，如用"套管"替代"防火堵洞"进行绘制。具体操作步骤为：新建防火堵洞→修改属性信息→"点"功能绘制。

（1）新建防火堵洞：切换到"零星构件"界面，新建套管，用套管替代防火堵洞。

（2）修改属性信息：修改名称、类型、规格等信息。类型选为"矩形套管"。如图4-89所示。

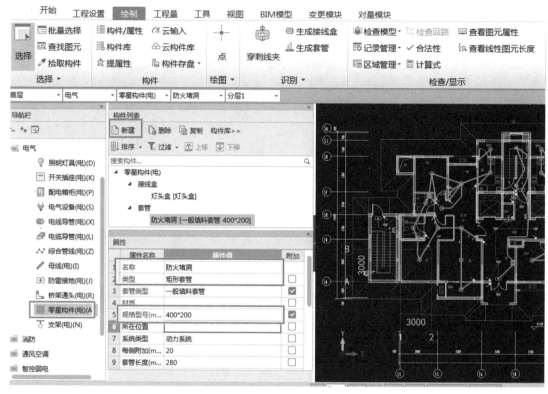

图 4-89　新建防火堵洞

（3）"点"功能绘制：在平面图上找到防火堵洞所在的位置，选择相应构件，直接"点"功能绘制。如图 4-90 所示。

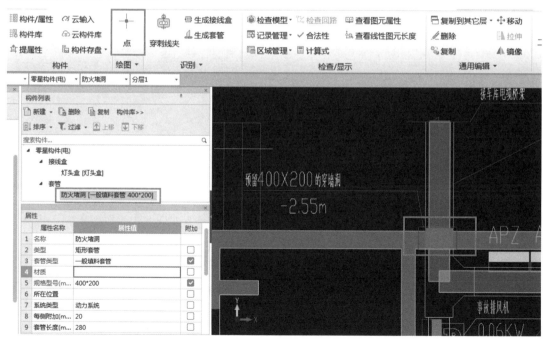

图 4-90　绘制防火堵洞

第5章 工程量计算—给水排水篇

本章节内容为给水排水专业工程量的计算，主要讲解给水排水专业各类工程量计算的思路、功能、注意事项及处理技巧。给水排水专业通常需要计算的工程量如图5-1所示。

图 5-1 给水排水专业需要计算的工程量

5.1 数量统计

5.1.1 业务分析

1. 计算规则依据

从《通用安装工程工程量计算规范》GB 50856—2013可以看出卫生器具统计工程量时需要区分不同的名称、材质、规格类型等按数量进行统计，如表5-1所示。

给水排水设备的清单计算规则 表5-1

项目编码	项目名称	项目特征	计量单位	工程量计算规则	工作内容
031004001	浴缸	1. 材质 2. 规格、类型 3. 组装形式 4. 附件名称、数量	组	按设计图示数量计算	1. 器具安装 2. 附件安装
031004002	净身盆				
031004003	洗脸盆				
031004004	洗涤盆				
031004005	化验盆				
031004006	大便器				
031004007	小便器				
031004008	其他成品卫生器具				

2. 分析图纸

通常施工设计图说明中的主要材料设备表中（图5-2），可以查看到需要计算的卫生器具的图例、名称、规格型号，以及对应的安装图集规范等。

材料表

图例	材料名称	规格型号	单位	数量	备注
⬭	洗手盆		个	32	05S1-32
▯	坐便器		个	32	05S1-119
◎	地漏	水封深度不小于50mm	个	32	
⊢	检查口		个	54	
▶	冷水表	LXS-20	个	16	
		LXS-40	个	1	
▷◁	阀门	PPR管配套阀门 De25	个	48	
		De50	个	2	

图5-2　给水排水设备的材料表

某些工程图纸的卫生器具相关信息以设计说明的形式单独列出，如图5-3所示。

（六）卫生设备及附件

1. 大便器:09S304-72,冲洗水量3-6L,洗脸盆:09S304-39,淋浴器:09S304-126,浴盆:09S304-115,厨房洗涤盆:09S304-33,各卫生器具安装详见国标09S304。

图5-3　给水排水设备的设计说明

卫生器具所在位置可通过平面图（图5-4）或给水排水卫生间大样图（图5-5）进行查看。

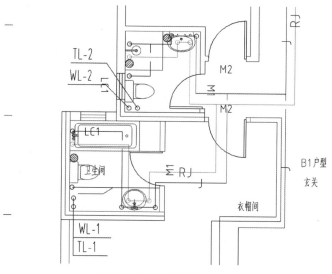

图5-4　某工程给水排水平面图

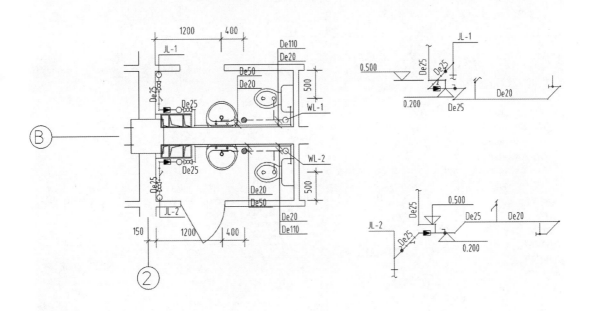

图 5-5　某工程卫生间给水排水大样图

5.1.2　软件处理

1. 软件处理思路

卫生器具软件处理思路同手算思路类似（图 5-6），先进行列项告诉软件需要计算什么，通过识别的方式形成三维模型，识别完成后检查是否存在问题，确认无误后进行提量。

图 5-6　给水排水卫生器具软件处理思路

2. 卫生器具统计

（1）列项。卫生器具的列项可采用"新建"功能，将需要统计数量的卫生器具的参数信息录入软件。具体操作步骤为：构件列表"新建"→"新建卫生器具"→完善属性信息，如图 5-7 所示。

①导航栏点击"卫生器具"：切换到给水排水专业，在导航栏点击"卫生器具"。

②新建：构件列表点击"新建"，选择"新建卫生器具"。

③修改属性信息：根据图纸或规范输入卫生器具的名称、材质、类型、规格型号等参数信息。

（2）识别。软件中使用"设备提量"功能快速统计卫生器具工程量，它可以将相同图例的设备一次性识别出来，从而快速完成数量统计。具体操作步骤为：点击"设备提量"→选中需要识别的 CAD 图例→选择要识别成的构件→"选择楼层"→点击"确认"。

①点击"设备提量"：卫生器具下识别模块中点击"设备提量"，如图 5-8 所示。

②选中需要识别的卫生器具 CAD 图例：选中后呈现蓝色显示。

③选择要识别成的构件：在已列项的构件中选择需要识别的卫生器具，如图5-9所示。

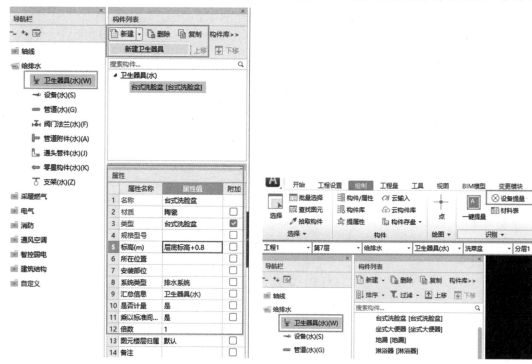

图5-7 给水排水设备新建卫生器具   图5-8 给水排水设备的设备提量

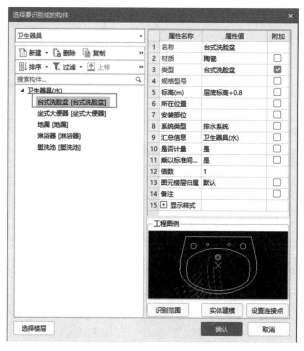

图5-9 卫生器具选择要识别成的构件

④"选择楼层"："设备提量"功能可以一次性识别全部或者部分楼层的卫生器具，通过"选择楼层"即可实现。在选择要识别成的构件对话框左下角位置点击"选择楼层"，

列表中显示的楼层为已分配图纸的楼层，选择卫生器具所在的楼层，点击"确定"。如图5-10 所示。

图 5-10　选择楼层

⑤点击"确认"，识别完毕。

◆　应用小贴士：

当图纸中卫生器具为块图元时，可采用"一键提量"，如图 5-11 所示。

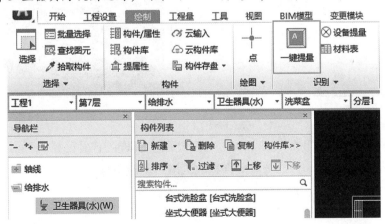

图 5-11　给水排水设备的一键提量

"一键提量"原理：将图纸中所有的块图元全部提取出来，一次性全部识别。具体操作步骤请参见第 4 章工程量计算—电气篇中，照明灯具开关插座统计章节的应用小贴士。

（3）检查。软件中卫生器具识别后检查的方式有两种："漏量检查"和"CAD 图亮度"。

①"漏量检查"原理：对于没有识别的块图元进行检查。具体操作步骤：点击"检查模型"→选择"漏量检查"（图5-12）→图形类型选择设备→点击"检查"→未识别CAD块图元全部被检查出来（图5-13）→双击未识别的图例定位到图纸相应位置"设备提量"，对未识别的卫生器具补充识别。

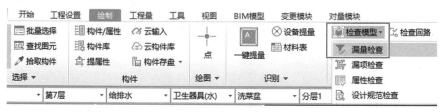

图5-12 卫生器具的漏量检查功能

②"CAD图亮度"原理：通过调整CAD底图亮度核对图元是否已识别，亮显图元代表已识别，未亮显图元代表未识别，如图5-14所示。

图5-13 卫生器具漏量检查窗体

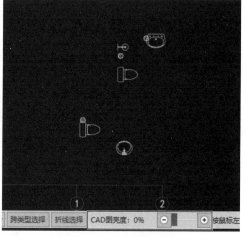

图5-14 CAD图亮度

（4）提量。卫生器具识别完毕，可以使用"图元查量"查看已提取工程量。具体操作步骤为：点击"图元查量"→框选需要查量的范围→基本工程量。

①点击"图元查量"："图元查量"功能在"工程量"页签下，如图5-15所示。

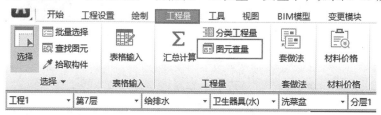

图5-15 图元查量

②框选需要查量的范围：在绘图区域框选需要查量的范围，即可出现图元基本工程量。

5.2 长度统计

5.2.1 业务分析

1. 计算规则依据

《通用安装工程工程量计算规范》GB 50856—2013 中，给水排水管道统计工程量时需要区分不同的安装部位、规格、材质、连接形式等按长度进行统计，如表 5-2 所示。

给水排水管道清单计算规则 表 5-2

项目编码	项目名称	项目特征	计量单位	工程量计算规则	工作内容
031001001	镀锌钢管	1. 安装部位 2. 介质 3. 规格、压力等级 4. 连接形式 5. 压力试验及吹、洗设计要求 6. 警示带形式	m	按设计图示管道中心线以长度计算	1. 管道安装 2. 管件制作、安装 3 压力试验 4. 吹扫、冲洗 5. 警示带铺设
031001002	钢管				
031001003	不锈钢管				
031001004	铜管				
031001005	铸铁管	1. 安装部位 2. 介质 3. 材质、规格 4. 连接形式 5. 接口材料 6. 压力试验及吹、洗设计要求 7. 警示带形式			1. 管道安装 2. 管件安装 3. 压力试验 4. 吹扫、冲洗 5. 警示带铺设
031001006	塑料管	1. 安装部位 2. 介质 3. 材质、规格 4. 连接形式 5. 阻火圈设计要求 6. 压力试验及吹、洗设计要求 7. 警示带形式			1. 管道安装 2. 管件安装 3. 塑料卡固定 4. 阻火圈安装 5. 压力试验 6. 吹扫、冲洗 7. 警示带铺设
031001007	复合管	1. 安装部位 2. 介质 3. 材质、规格 4. 连接形式 5. 压力试验及吹、洗设计要求 6. 警示带形式			1. 管道安装 2. 管件安装 3. 塑料卡固定 4. 压力试验 5. 吹扫、冲洗 6. 警示带铺设

2. 分析图纸

（1）给水排水专业管道识图先看设计说明，明确设计要求，例如不同水系统管道的材质、连接方式等信息，如图 5-16 所示。

（2）给水排水管道统计通常按照不同水系统分开阅读，平面图与系统图对照看，水平管道长度在平面图中读取，立管长度在系统图中读取。此时需注意大样图比例与平面图比例是否一致，如图 5-17 所示。

（3）水管道系统一般包括引入管（排水出户管）、干管（水平干管、垂直干管）、支管（横支管、立支管）。一般引入管的长度计算，在各地定额中都有相关说明。

（四）.管 材（设计所用管材）

1. 室内冷热水干管、立管采用PSP钢塑复合压力管，丝扣连接或卡箍式连接（DN>80），管材执行CJ/T183-2008《钢塑复合压力管》，管件执行CJ/T253-2007《钢塑复合压力管用管件》。分户水表后埋地给水及热水支管采用PPR管，冷水采用S5系列，热水采用S3.2系列，安装详见02SS405-2。

2. 室内污水管道采用普通单（双）立管系统，±0.00 以上室内生活污水立管采用硬聚氯乙烯螺旋（PVC-U）排水管，支管采用硬氯乙烯光滑管（PVC-U），粘接连接，±0.00以下污水管采用A型机制柔性抗震排水铸铁管，橡胶密封圈，法兰接口。

图 5-16　给水排水管道设计说明

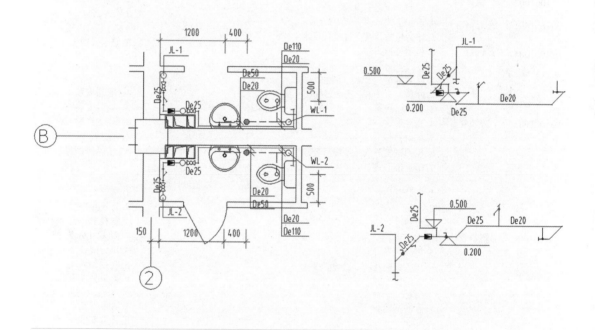

图 5-17　某工程卫生间给水排水平面图与系统图

（4）管道上还有阀门水表等管道附件需要单独统计，规格同所依附管管径，可以在平面图或者系统图中读取。常见管道附件：闸阀-Z、截止阀-J、球阀-Q、止回阀-Z、水表、减压阀、液位控制阀、自动排气阀等。

5.2.2　软件处理

1. 软件处理思路

给水排水管道长度统计的软件处理思路与数量统计相同（图5-18），按照不同的水系统、管径、材质、连接方式等列项，通过绘制的方式建立水管道三维模型，建模完成后检查是否存在问题，确认无误后进行提量。管道建模提量，一般可分为户内支管长度和干管长度统计两部分。

列项 ▷ 识别 ▷ 检查 ▷ 提量

图 5-18 管道算量软件处理思路

2. 户内支管长度统计

（1）列项。管道的列项可采用"新建"功能，将需要统计长度的给水排水管道的管径材质等信息录入软件。具体操作步骤为：构件列表"新建"→"新建管道"→完善属性信息，如图 5-19 所示。

①导航栏选择管道（水）：注意切换到给水排水专业。

②新建：构件列表点击"新建"，选择"新建管道"。

③完善管道属性信息：修改管道名称，建议按照系统材质＋管径形式命名，方便后期查找统计；修改材质、管径、系统类型、系统编号等信息。

④属性的区别：管道属性中蓝色字体属性为公有属性，黑色字体属性为私有属性。如果是私有属性，需要先选中图元再修改属性，并且只修改当前选中的图元，其余不修改。如果是"公有属性"，无须选中图元则能直接修改，并且所有相同图元会同步修改。

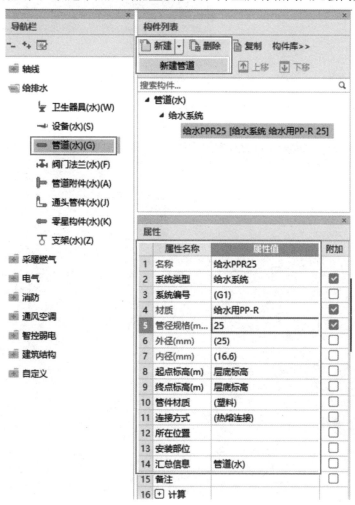

图 5-19 新建管道

（2）绘制。水平管道的绘制建模可使用"直线"功能，立管可使用"布置立管"功能绘制。

① "直线"绘制具体操作步骤为：点击"直线"→输入安装高度→在 CAD 底图描图。

a. 点击"直线"：点击"直线"功能，在构件列表选择需要绘制的管道，如图 5-20 所示。

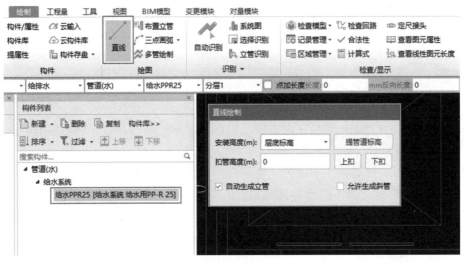

图 5-20　直线绘制

b. 输入安装高度：在管道安装高度发生变化时，可根据系统图灵活调整管道的安装高度，两根水平管道间的立管会自动生成；管道与卫生器具存在高差时，连接立管也可自动生成，如图 5-21 所示。

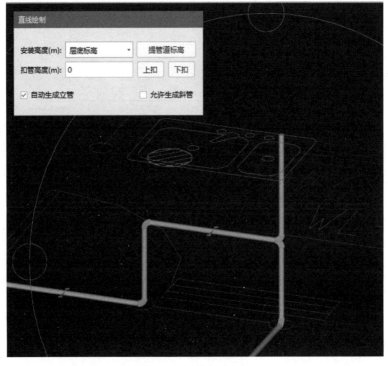

图 5-21　立管自动生成

c. 正交捕捉：可以开启下方状态栏"正交"，保证绘制管道时按正交绘制，提升绘图规范性，如图 5-22 所示。

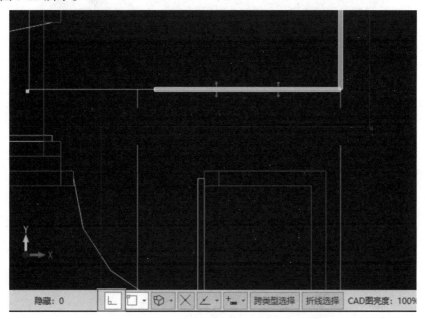

图 5-22　正交捕捉

d. 入户管同一位置上下两根管道的情况（图 5-23）下绘制时，修改安装高度后同一位置绘制两次即可，建模效果如图 5-24 所示。

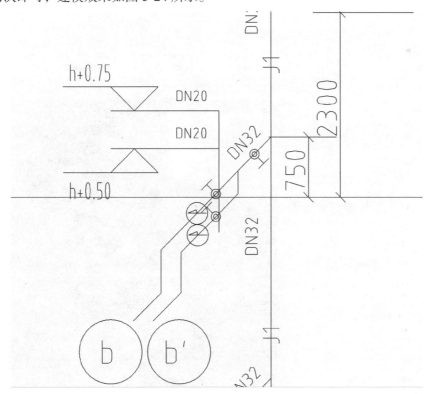

图 5-23　入户管管道系统图

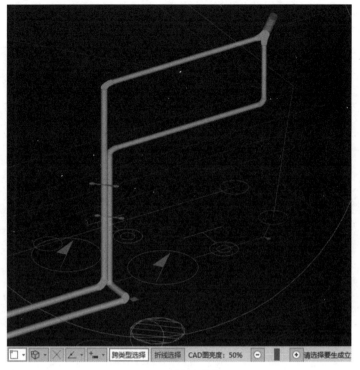

图 5-24　入户管建模效果图

　　②"布置立管"具体操作步骤为：点击"布置立管"→修改标高→点画到平面图立管位置，如图 5-25 所示。

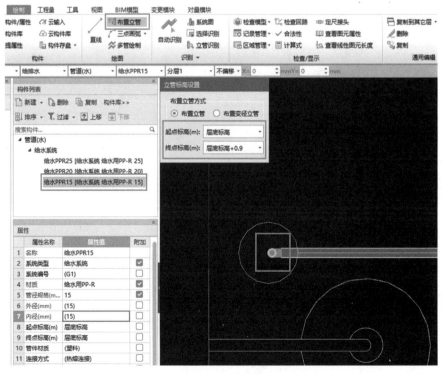

图 5-25　布置立管

a. 点击"布置立管"：注意构件列表中选择需要布置的立管。

b. 修改标高：在立管标高设置对话框中，对照系统图输入立管的起点标高、终点标高；起点标高一般是指立管底部的标高，终点标高为立管顶部的标高。

c. 点画到平面图立管位置：鼠标点击平面图立管位置，点画，立管即绘制完成，如图5-26 所示。

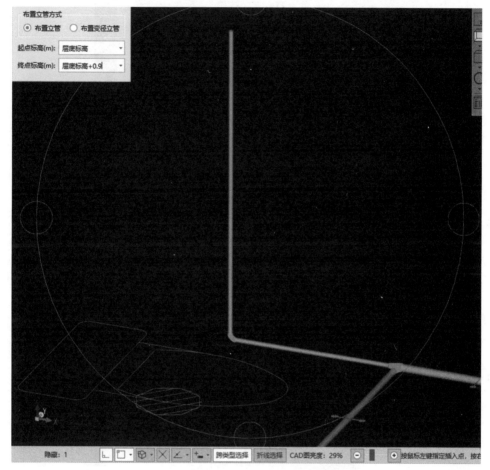

图 5-26　布置立管效果图

③ 户内水平支管和立管建模完成后，还需要单独统计阀门法兰、管道附件的工程量。阀门法兰、管道附件的处理思路同卫生器具。具体操作步骤为：列项→识别（点画）。

a. 列项：选择导航栏"阀门法兰"→选择新建阀门→修改名称等属性，如图 5-27 所示。

b. 识别：点击"设备提量"→ CAD 图上选择需要识别的阀门→选择要识别成的构件→点击"确认"。注意：阀门的规格型号无须输入，采用设备提量识别完成后自动匹配管道的规格型号。如图 5-28 所示。

实际工程中有些阀门无法通过"设备提量"识别，如存在同一位置双层管的情况时，或者立管上的阀门，此时可以使用"点"画的方式将阀门绘制到管道上。水平管点画阀门具体操作步骤为：选择要绘制的管道附件→"点"→点击水平管对应位置→绘制完成，如图 5-29 所示。

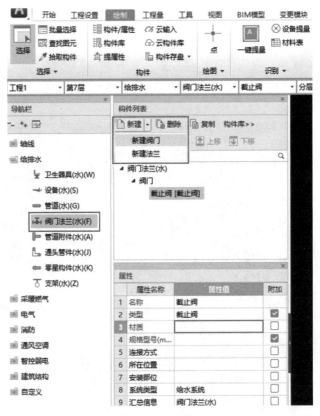

图 5-27   新建阀门

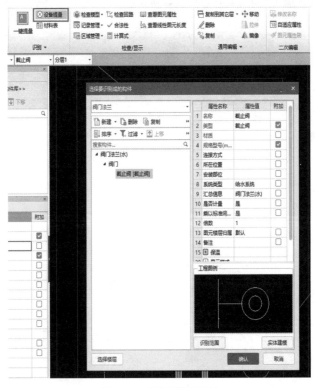

图 5-28   阀门的设备提量

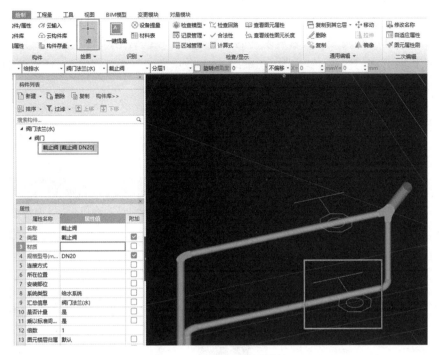

图 5-29　水平管点画管道附件

立管上"点"画阀门法兰、管道附件具体操作步骤为：选择要绘制的管道附件→选择立管→输入管道附件安装高度→建模完成，如图 5-30 所示。

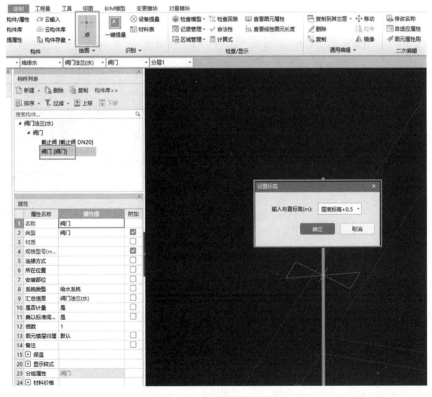

图 5-30　立管点画管道附件

注意："点"画时不需要每个规格的管道附件都单独新建，绘制完成后可使用"自适应属性"的功能快速将阀门法兰、管道附件的规格与其所在的管道匹配。具体操作步骤为："批量选择"选择所有阀门法兰、管道附件（图5-31）→点击"自适应属性"→分别将阀门法兰、管道附件的规格型号与管径规格型号匹配（图5-32）→点击"确认"→操作完毕。可以看到自适应属性的图元类型及数量（图5-33），且会自动反建与管径匹配的阀门法兰、管道附件。

图 5-31 批量选择

图 5-32 自适应属性

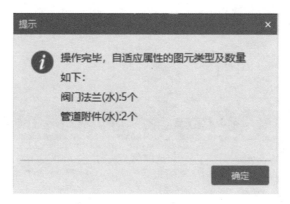

图 5-33 自适应属性结果

◆ 应用小贴士：

（1）快速进行图纸切换的方法："多视图"。

在绘制管道时，需要实时查看系统图管道走向、标高等信息，一般在算量软件与 CAD 快速看图软件之间反复切换。算量软件中可以使用"多视图"功能，让系统图以悬浮窗口的形式出现，更加方便查阅。"多视图"具体操作步骤如下：点击"多视图"→点击"捕捉 CAD 图"→框选需要查阅的系统图→鼠标右键确认→图纸提取完成。如图 5-34 所示。

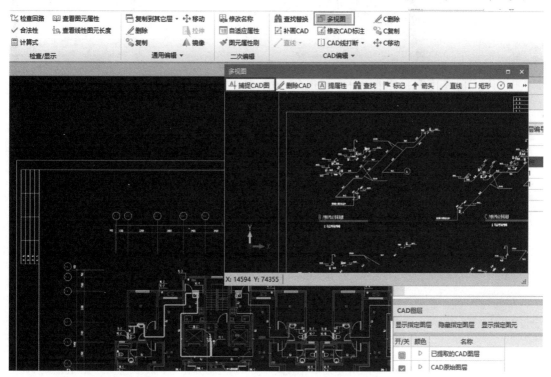

图 5-34 多视图

（2）立管一般生成原理：两根有高差的水平管道相交立管会自动生成。

若绘制时不需要自动生成立管，可在"工具"选项卡中设置，具体操作步骤为：点击菜单栏"工具"→点击"选项"→选择"其他"→取消"两管道相交存在标高差时，自动生成立管"的对钩，如图 5-35 所示。

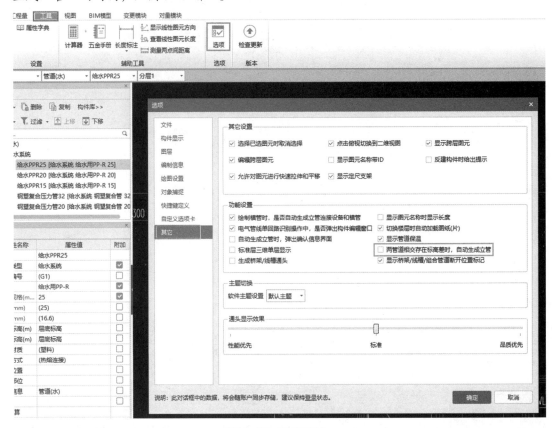

图 5-35　工具选项卡

选择该设置后，后期需要生成立管时可以使用"生成立管"功能，具体操作步骤为：点击"生成立管"（图 5-36）→分别选择有高差的两根水平管→鼠标右键，立管即可自动生成。

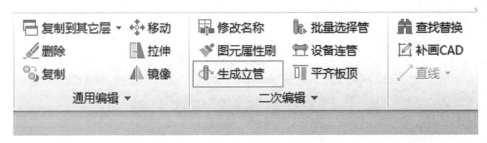

图 5-36　生成立管

当卫生器具与水平管道有高差时（图 5-37），亦可使用"生成立管"，卫生器具与水平支管间的立管将自动生成，具体操作步骤为：点击"生成立管"→选择卫生器具，鼠标右键→在"选择构件"窗口选择需要生成的立管（图 5-38）→立管自动生成，如图 5-39 所示。

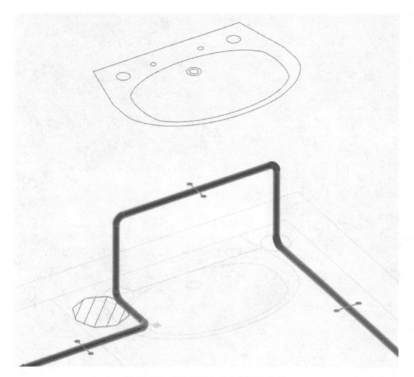

图 5-37　卫生器具与水平管间有高差

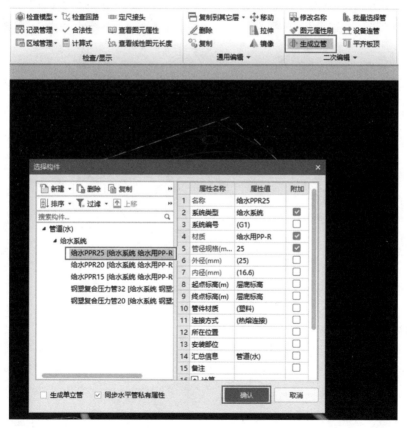

图 5-38　选择需要生成的立管

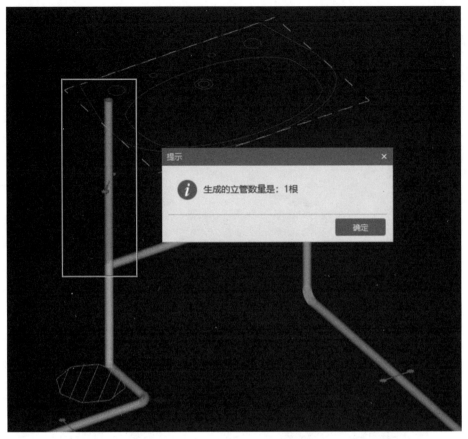

图 5-39　生成立管效果

（3）卫生间快速处理方法："标准间"功能。

卫生间大样图中，一般图纸只给一个标准卫生间。手工统计时，统计完大样图工程量再乘以卫生间的数量。软件中可以使用"标准间"功能快速处理。

"标准间"第一种应用场景：需要快速统计工程量，类似手工计算，在现有工程量基础上乘以实际数量。具体操作步骤为：新建标准间→绘制标准间→标准间计算结果。

①新建标准间：选择"标准间"→点击"新建"→"新建标准间"→属性中输入数量，如图 5-40 所示。

②绘制标准间：使用"直线"或者"矩形"选择大样图区域，如图 5-41 所示。

图 5-40　新建标准间

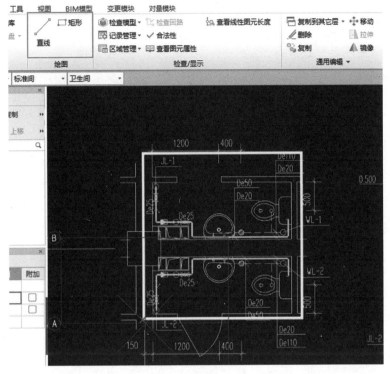

图 5-41 绘制标准间

③标准间计算结果：标准间范围内的所有图元工程量结果会自动乘以标准间数量，如图 5-42 所示。

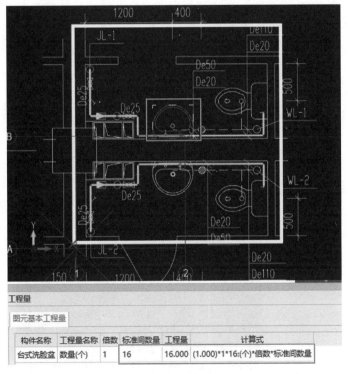

构件名称	工程量名称	倍数	标准间数量	工程量	计算式
台式洗脸盆	数量(个)	1	16	16.000	(1.000)*1*16:(个)*倍数*标准间数量

图 5-42 标准间算量结果

"标准间"第二种应用场景：对工程建模完整性有要求，大样图部分不仅统计工程量还要以三维模型显示，最终使整个工程形成一个完整的三维模型。具体操作步骤为：新建标准间→绘制标准间→布置标准间。

①新建标准间：选择"标准间"→点击"新建"→"新建标准间"→数量输入1，如图 5-43 所示。

图 5-43 新建标准间

②绘制标准间：使用"直线"或者"矩形"选择大样图区域绘制标准间，注意标准间基准点的选择，可以选择建筑结构顶点、轴线交点等比较容易捕捉的点为基准点，如图 5-44 所示。

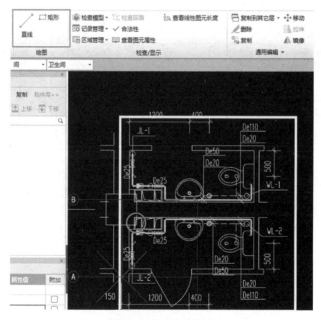

图 5-44 绘制标准间

③布置标准间：点击"布置标准间"→点击平面图上与标准间基准点相同位置的点→标准间布置完成，如图 5-45 所示。

④标准间内的构件发生变更，数量减少或者私有属性发生变化时，只需要修改其中一个标准间内的构件，其他标准间会与之联动。但是若变更后的构件数量增多，则需要使用"自适应标准间"功能，快速将新增构件图元同步到其他标准间。"自适应标准间"具体操作步骤为：点击"自适应标准间"→选择发生变更的标准间→鼠标右键→确认窗口选择"是"→操作完成，如图 5-46 所示。

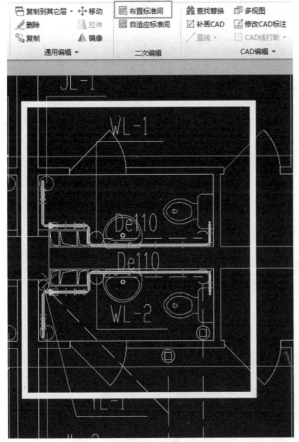

图 5-45　布置标准间

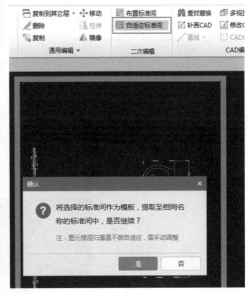

图 5-46　自适应标准间

（3）检查提量。

①户内支管绘制建模后可以通过"检查回路"功能进行检查。

检查回路原理：动态显示，模拟水流，检查整个水系统的管道走向及工程量的准确性。具体操作步骤为：点击"检查回路"→选中水系统中任意一段管道→查看系统完整性及工程量，如图 5-47 所示。

②若要实时查看管道工程量，可以使用"图元查量"。具体操作步骤为：工具栏切换到"工程量"页签→点击"图元查量"→框选需要查量的模型范围→工程量表格即可出现，如图 5-48 所示。

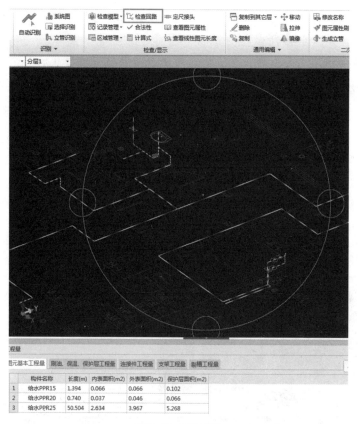

	构件名称	长度(m)	内表面积(m2)	外表面积(m2)	保护层面积(m2)
1	给水PPR15	1.394	0.066	0.066	0.102
2	给水PPR20	0.740	0.037	0.046	0.066
3	给水PPR25	50.504	2.634	3.967	5.268

图 5-47　检查回路

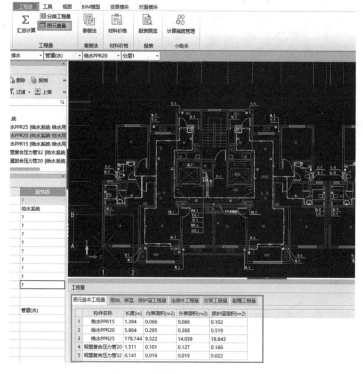

	构件名称	长度(m)	内表面积(m2)	外表面积(m2)	保护层面积(m2)
1	给水PPR15	1.394	0.066	0.066	0.102
2	给水PPR20	5.864	0.295	0.368	0.519
3	给水PPR25	178.744	9.322	14.039	18.643
4	钢塑复合压力管20	1.511	0.101	0.127	0.166
5	钢塑复合压力管32	0.141	0.016	0.019	0.022

图 5-48　给排水管道的图元查量

3. 干管长度统计

给水排水干管长度统计的思路同户内支管一致。

（1）列项：管道列项采用"新建"功能。具体操作步骤为：构件列表"新建"→"新建管道"→完善属性信息，如图 5-49 所示。

图 5-49　新建干管管道

（2）绘制：干管水平管道的绘制建模同样使用"直线"功能，立管可使用"布置立管"，操作步骤同户内支管部分。

◆　应用小贴士：

（1）建筑物外墙皮 1.5m 的管道绘制方法：动态输入。

《通用安装工程工程量计算规范》GB 50856—2013 中关于管道界限划分的说明如图 5-50 所示。

K.10　相关问题及说明

> **K.10.1　管道界限的划分。**
> 1　给水管道室内外界限划分：以建筑物外墙皮 1.5m 为界，入口处设阀门者以阀门为界。
> 2　排水管道室内外界限划分：以出户第一个排水检查井为界。
> 3　采暖管道室内外界限划分：以建筑物外墙皮 1.5m 为界，入口处设阀门者以阀门为界。
> 4　燃气管道室内外界限划分：地下引入室内的管道以室内第一个阀门为界，地上引入室内的管道以墙外三通为界。

图 5-50　管道界限划分

在管道建模时，建筑物外墙皮长度为 1.5m 的管道可采用"动态输入"的方式进行绘制。具体操作步骤为："直线"绘制→开启下方状态栏"动态输入"→从外墙皮处开始绘制，输入 1500→建模完成，如图 5-51 所示。

（2）竖向干管发生管道变径的处理方法：布置变径立管。

给水系统竖向干管的管道直径会随着楼层增加发生变径，这种情况在"布置立管"时选择"布置变径立管"即可。具体操作步骤为：选择"布置立管"→点击"布置变径立管"→对应系统图输入每个管径的标高→在平面图上点画立管→变径立管绘制完成，如图5-52所示。

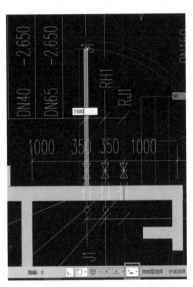

图 5-51　动态输入绘制管道

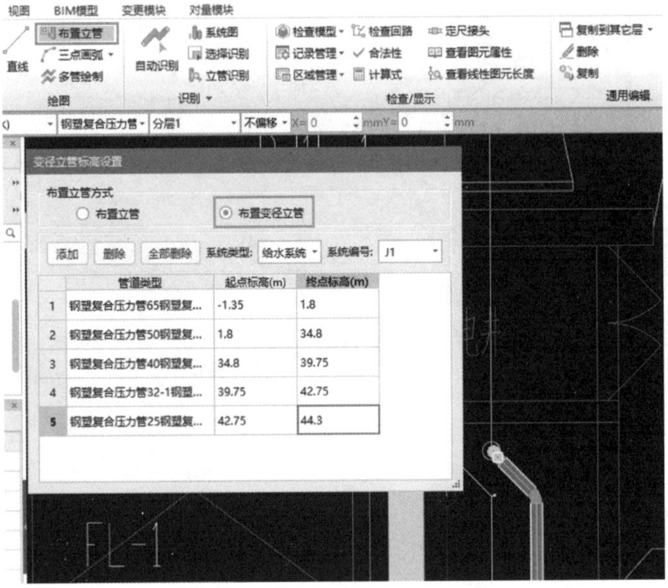

图 5-52　布置变径立管

（3）检查提量：给水排水干管的检查可采用"检查回路"功能，提量可采用"图元查量"功能。具体操作步骤请参见给水排水"户内支管长度统计"中的检查提量部分。

5.3　零星统计

5.3.1　业务分析

1. 计算规则依据

《通用安装工程工程量计算规范》GB 50856—2013 中，套管区分规格材质按设计图示数量计算，如表5-3所示。

套管清单计算规则 表5-3

项目编码	项目名称	项目特征	计量单位	工程量计算规则	工作内容
031002003	套管	1. 名称、类型 2. 材质 3. 规格 4. 填料材质	个	按设计图示数量计算	1. 制作 2. 安装 3. 除锈、刷油

2. 分析图纸

图纸设计说明中一般对套管规格、材质、套管位置有具体的说明（图5-53），平面图上还能查阅到套管具体的规格、位置等信息，如图5-54所示。

2. 给水立管穿楼板时，均予留大1~2号的钢套管。套管顶部应高出装饰地面20mm，安装在卫生间内时，其顶部高出装饰地面50mm，底部应与楼板底面相平。

3. 排水管穿楼板应预留孔洞，立管周围设高出楼板面设计标高10~20mm的阻水圈。排水立管每层设置伸缩节，横管每4米设一个伸缩节。

4. 排水立管和出户管应用两个45°的弯头进行连接，90°弯须采用带检查口的弯头，施工时均应按照GB50015-2003（09修订版）的要求进行安装。

5. 管径大于等于DN100的塑料排水管，在其穿越楼层处增设阻火圈，详见国标：04S301。

6. 管道穿楼板或外墙均应采取密封及降噪措施，穿屋面的排水管道予埋刚性防水套管。

7. 凡穿越剪力墙的给排水管道均预留比穿越管大1~2号钢套管；凡穿越±0.00以下外剪力墙的管道均应予留柔性防水套管，若采用刚性防水套管，应在进入建筑物外墙的管道上就近设置柔性连接。详见国标02S404。

图 5-53 套管设计说明

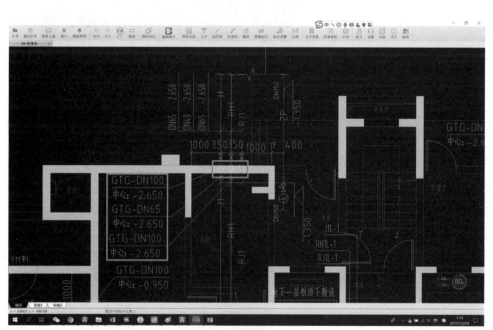

图 5-54 套管位置平面图

5.3.2 软件处理

软件中采用"生成套管"功能可完成套管工程量的统计。一般管道穿墙或者楼板时需要设置套管，所以软件生成套管前需有墙体、楼板。套管处理的具体操作步骤为："自动识别"墙或者绘制楼板→点击"生成套管"功能→选择生成套管的规格型号→确定，套管自动生成。

（1）"自动识别"墙：导航栏建筑结构选择"墙"→点击"自动识别"→选择楼层→确定，墙体识别完成（图 5-55）。注意自动识别可以一次性识别整栋楼相同墙厚的墙体，若工程中存在多种墙厚，需要识别多次。

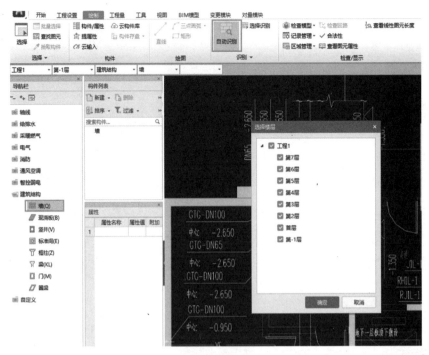

图 5-55　自动识别墙

（2）绘制板：导航栏建筑结构选择"现浇板"→"新建现浇板"→"直线"沿建筑轮廓绘制板或者"矩形"绘制板，如图 5-56 所示。

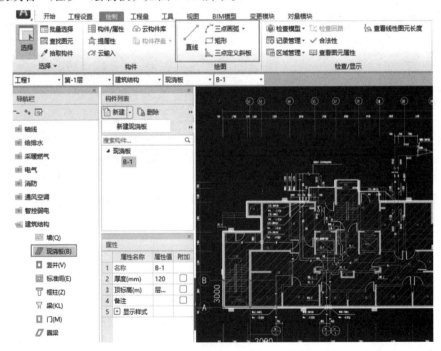

图 5-56　绘制板

（3）"生成套管"：给水排水专业中选择"零星构件"→点击"生成套管"→生成设置中选择套管和孔洞的规格→确定后套管和孔洞自动生成。注意墙体类型影响套管生成的类型，穿外墙默认生成刚性防水套管，穿内墙默认生成一般填料套管（图 5-57）。套管和孔洞生成的规格在软件中提供了三种选项，按需选择即可；管道穿板时，不同水系统生成的默认套管类型也不同，如给水系统默认生成一般填料套管，排水系统默认生成阻火圈，如图 5-58 所示。

图 5-57 生成套管

图 5-58 生成套管的生成设置

第6章 工程量计算—消防篇

本章内容为消防专业工程量的计算，主要讲解自动报警系统、自动喷淋灭火系统、消火栓系统中各类工程量计算的思路、功能、注意事项及处理技巧。

6.1 自动报警系统

消防中自动报警系统通常要计算的工程量如图6-1所示。

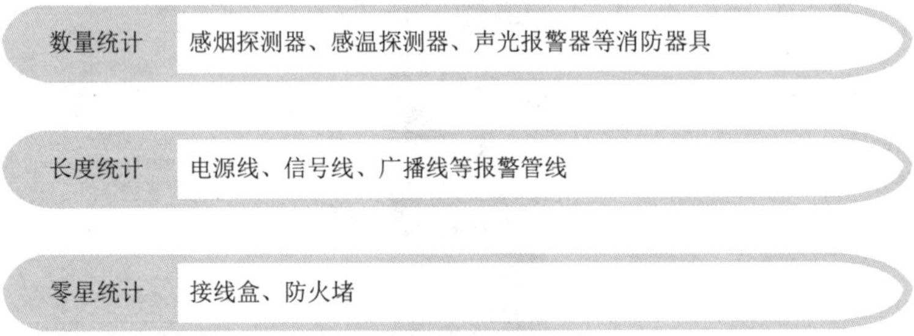

图6-1 消防报警系统需要计算的工程量

6.1.1 数量统计

1. 业务分析

（1）计算规则依据：从《通用安装工程工程量计算规范》GB 50856—2013可以看出，统计消防器具工程量时需要区分不同的名称、规格等按数量进行统计，如表6-1所示。

消防器具清单计算规则　　　　　　　　　　　表6-1

项目编码	项目名称	项目特征	计量单位	工程量计算规则	工作内容
030904001	点型探测器	1. 名称 2. 规格 3. 线制 4. 类型	个	按设计图示数量计算	1. 探头安装 2. 底座安装 3. 校接线 4. 编码 5. 探测器调试
030904003	按钮	1. 名称 2. 规格	个		1. 安装 2. 校接线 3. 编码 4. 调试
030904004	消防警铃				
030904005	声光报警器				

续表

项目编码	项目名称	项目特征	计量单位	工程量计算规则	工作内容
030904006	消防报警电话插孔（电话）	1. 名称 2. 规格 3 安装方式	个（部）		1. 安装 2. 校接线 3. 编码 4. 调试
030904007	消防广播（扬声器）	1. 名称 2. 功率 3. 安装方式	个	按设计图示数量计算	
030904008	模块（模块箱）	1. 名称 2. 规格 3. 类型 4. 输出形式	个（台）		1. 安装 2. 校接线 3. 编码 4. 调试
030904009	区域报警控制箱	1. 多线制 2. 总线制 3. 安装方式 4. 控制点数量 5. 显示器类型	台		1. 本体安装 2. 校接线、摇测绝缘电阻 3. 排线、绑扎、导线标识 4. 显示器安装 5. 调试
030904010	联动控制箱				
030904011	远程控制箱（柜）	1. 规格 2. 控制回路			

（2）分析图纸：火灾报警平面图中可以读取到消防器具安装位置；主要设备材料表可以读取到消防器具对应的图例、名称、规格型号、安装高度等信息，如图6-2所示。

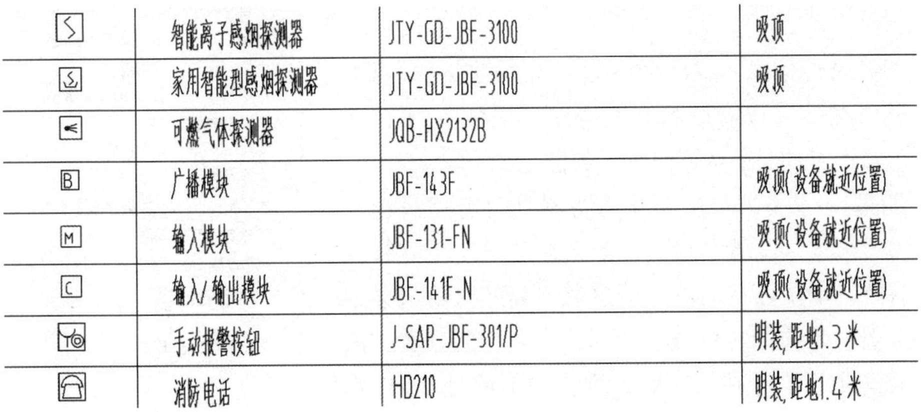

	智能离子感烟探测器	JTY-GD-JBF-3100	吸顶
	家用智能型感烟探测器	JTY-GD-JBF-3100	吸顶
	可燃气体探测器	JQB-HX2132B	
B	广播模块	JBF-143F	吸顶（设备就近位置）
M	输入模块	JBF-131-FN	吸顶（设备就近位置）
C	输入/输出模块	JBF-141F-N	吸顶（设备就近位置）
	手动报警按钮	J-SAP-JBF-301/P	明装，距地1.3米
	消防电话	HD210	明装，距地1.4米

图6-2 消防器具主要设备材料表

2. 软件处理

（1）软件处理思路：软件处理思路与手算思路类似（图6-3），先进行列项，告诉软件需要计算什么，通过识别的方式形成三维模型，识别完成后检查是否存在问题，确定无误后进行提量。

列项　　识别　　检查　　提量

图6-3 软件处理思路（自动报警系统）

（2）列项：消防器具的列项通常有两种方式，手动"新建"和批量处理识别"材料表"

（图 6-4），需要计算的消防器具列项完成，在"构件列表"中进行呈现。

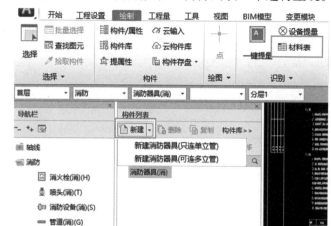

图 6-4　消防器具新建的两种方式

方法一："新建"。具体操作步骤为：点击"消防器具"→新建→完善属性信息。

①点击"消防器具"：注意切换到消防专业。

②新建：在构件列表中点击"新建"，选择"新建消防器具（只连单立管）"或"新建消防器具（可连多立管）"。

③完善属性信息：蓝色字体为公有属性（如名称、类型、规格型号等按需填写、可连立管根数）；黑色字体为私有属性，如：标高等信息，如图 6-5 所示。

"新建"时注意事项：新建消防器具时有"只连单立管"和"可连多立管"可选。当选择"只连单立管"，识别管道后，消防器具与消防管道存在高差时就只会生成一根立管；而选择"可连多立管"，识别管道后，消防器具与消防管道存在高差时，则会根据此处 CAD 水平线端头数量生成对应根数的立管，具体示例可参考第 4 章 4.1.2 软件处理关于照明灯具、开关插座统计中的列项部分。

	属性名称	属性值	附加
1	名称	智能离子感烟探测器	
2	类型	探测器	☑
3	规格型号	JTY-GD-JBF-3100	☑
4	可连立管根数	多根	☐
5	标高(m)	层顶标高	☐
6	所在位置		☐
7	系统类型	火灾自动报警系统	☐
8	汇总信息	消防器具(消)	☐
9	是否计量	是	☐
10	乘以标准间...	是	☐
11	倍数	1	
12	图元楼层归属	默认	☐
13	备注		☐
14	⊞ 显示样式		
17	⊞ 材料价格		

图 6-5　属性信息

方法二：识别"材料表"。具体操作步骤：点击消防器具→材料表→框选 CAD 材料表→调整材料表。

①切换构件类型：点击"消防器具"，注意在"图纸管理"中切换到"模型"，找到材料表图纸。

②识别"材料表"：点击"材料表"，框选材料表，被选择部分的 CAD 图变成蓝色，鼠标右键确定（如果材料表未进行分割定位，注意在"图纸管理"中切换到"模型"，找到材料表图纸），如图 6-6 所示。

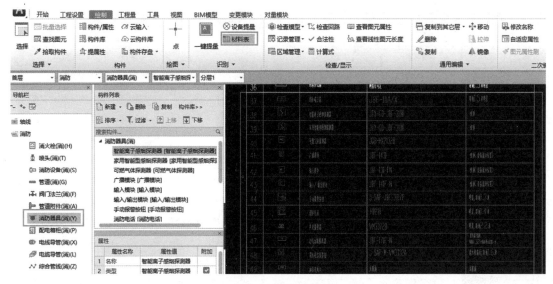

图 6-6　识别材料表

③选择对应列：在弹出的"选择对应列"窗口，在第一行空白部分下拉选择与本列内容对应，将列项相关的信息如"设备名称""类型""规格型号""标高""对应构件"通过对应的方式快速提取到软件中；如果材料表中没有设备的类型，可将设备名称那一列信息通过"复制列"进行复制，修改表头名称为类型（图 6-7）；如果有多余的图例，可通过"删除行"进行删除。其他无效信息也可使用"删除行""删除列"删除。

④检查"标高"是否和材料表中信息匹配。如果不匹配，手动双击对应的信息进行调整，可修改为相对标高的格式，例如层底标高 +1.3、层顶标高 –0.5。

⑤对应构件：材料表识别完成后，该构件归属到软件中哪种构件类型下；消防器具只连单立管和可连多立管也在此处调整。

以上两种方式，均可完成消防器具的列项工作，使用时可根据个人习惯和工程需求选择。

（3）识别：消防器具等需要统计数量的均可以通过"设备提量"功能完成，它可以将相同图例的设备一次性识别出来，从而快速完成数量统计。"设备提量"具体操作步骤：点击"设备提量"→选中需要识别的 CAD 图例→选择要识别成的构件→"选择楼层"→点击"确认"。

①点击"设备提量"：注意在"图纸管理"中切换到"对应的消防图纸"。

②选中需要识别的消防器具 CAD 图例：点选或者框选要识别的消防器具的图例及标识（如 70° 防火阀，无标识可不选），被选中的消防器具呈现蓝色。如图 6-8 所示。

③选择要识别成的构件：在之前建立的构件列表中选择对应的消防器具名称，如图 6-9 所示。

④选择楼层："设备提量"功能可以一次性识别全部或者部分楼层，通过"选择楼层"即可实现，可选择的楼层为已经分配图纸的楼层，如图 6-10 所示。

图6-7 材料表信息修改完善

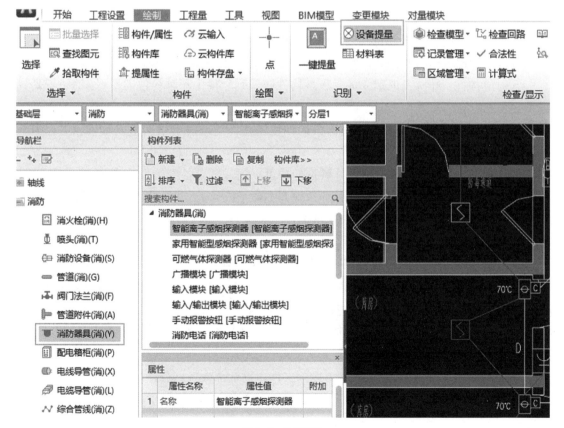

图6-8 设备提量

图 6-9　选择要识别成的构件

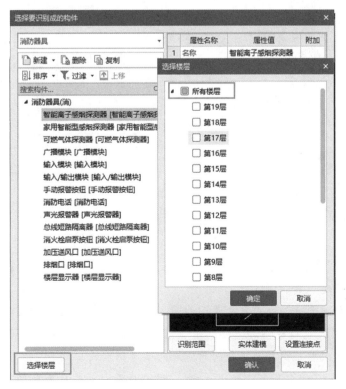

图 6-10　选择楼层

◆ 应用小贴士：

（1）在"设备提量"时，有些图例代表的是两个模块，但是属于一个块图元，直接使用"设备提量"，两个消防器具就会识别成一个构件。如图 6-11 所示。

解决方法：通过"CAD 编辑"下的"分解 CAD"（图 6-12），将选中的块图元鼠标右键进行分解，再按照"设备提量"分别进行识别即可。

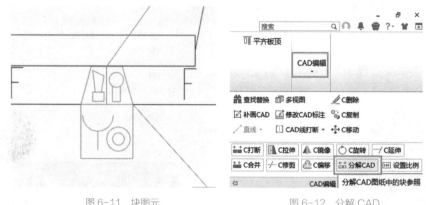

图 6-11　块图元　　　　　　　　　　图 6-12　分解 CAD

（2）在实际工程中会遇到图纸上有 2 个块图元，实际上代表是一个模块，如：70℃防火阀旁还有输入模块（图 6-13），这实际上算是一个构件。如果分开识别，就是识别成 2 个图元；如果只识别某一个，在后期管线识别管线会断开。应如何处理？

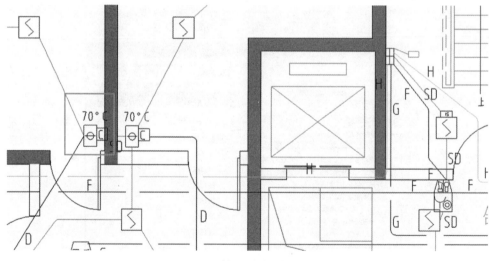

图 6-13　某工程火灾报警平面图

解决方法："设备提量"时将代表 70℃防火阀的图例和代表输入输出模块的图例同时选中，鼠标右键确定识别。

（3）配电箱柜统计：配电箱柜提量同样可以先新建列项，使用"设备提量"识别。工程中不同配电系统配电箱规格和名称均不相同，"设备"需多次提取，针对配电箱的这种特性，可以使用"配电箱识别"功能同时完成列项+识别的工作。

"设备提量"和"配电箱识别"的区别："设备提量"是将所有相同图例的设备一次性识别出来；而"配电箱识别"是一次识别标识为一个系列的配电箱图元，如名称为 AL1，

AL2，AL3……ALn 的配电箱，一次全部识别出来，并可以生成配套名称的配电箱图元。

"配电箱识别"具体操作步骤：点击"配电箱识别"→选择配电箱图例及名称→完善配电箱属性信息。

①点击"配电箱识别"，选择配电箱的图例及名称，鼠标右键确定。

②弹出构件编辑窗口，完善尺寸信息及标高信息，点击确认。如图 6-14 所示。

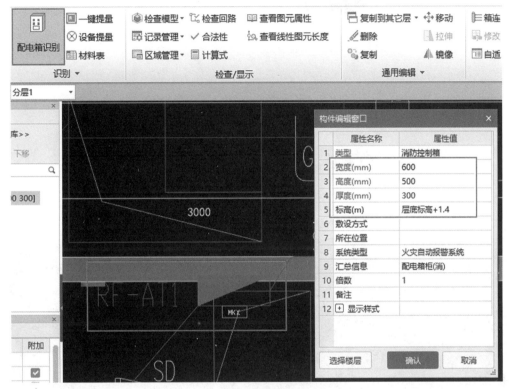

图 6-14　配电箱识别

③构件列表中同系列的配电箱在构件列表中反建完成。

（4）检查：软件中消防器具及配电箱柜识别后检查的方式有两种："漏量检查"和"CAD亮度"。

"漏量检查"原理：对于没有识别的块图元进行检查。具体操作步骤为：点击"检查模型"→选择"漏量检查"（图 6-15）→图形类型设备→点击"检查"→未识别 CAD 块图元全部被检查出来（图 6-16）→双击未识别的图例定位到图纸相应位置"设备提量"，对未识别的消防器具补充识别。

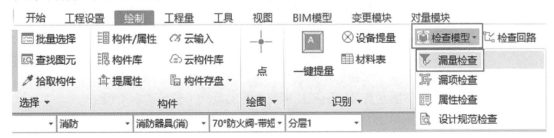

图 6-15　漏量检查

图 6-16　漏量检查窗体

CAD 亮度原理：通过控制 CAD 底图亮度核对图元是否识别，如图 6-17 所示。

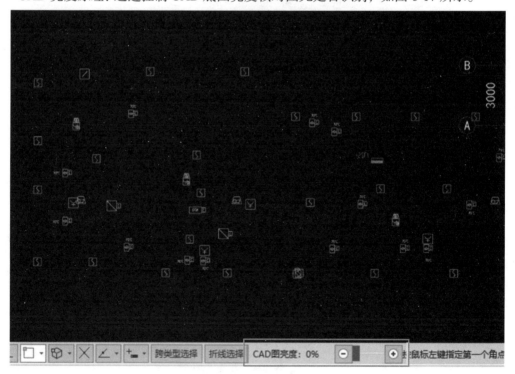

图 6-17　CAD 亮度调整

（5）提量：消防器具及配电箱柜识别完毕，可以使用"图元查量"查看已提取工程量。
具体操作步骤为：点击"图元查量"→框选需要查量的范围→查看基本工程量。

①"图元查量"功能在"工程量"页签下（图 6-18）。

② 在绘图区域框选需要查量的范围，即可出现图元基本工程量。

图 6-18　图元查量

6.1.2　长度统计

1. 业务分析

（1）计算规则依据：从《通用安装工程工程量计算规范》GB 50856—2013 可以看出，统计工程量时需要区分不同的名称、材质、规格等按长度进行统计，如表 6-2 所示。

报警管线清单计算规则　　　　　　　　　　　　　　　　　表 6-2

项目编码	项目名称	项目特征	计量单位	工程量计算规则	工作内容
030411001	配管	1. 名称 2. 材质 3. 规格 4. 配置形式 5. 接地要求 6. 钢索材质、规格	m	按设计图示尺寸以长度计算	1. 电线管路敷设 2. 钢索架设（拉紧装置安装） 3. 预留沟槽 4. 接地
030411002	线槽	1. 名称 2. 材质 3. 规格			1. 本体安装 2. 补刷（喷）油漆
030411003	桥架	1. 名称 2. 型号 3. 规格 4. 材质 5. 类型 6. 接地方式			1. 本体安装 2. 接地
030411004	配线	1. 名称 2. 配线形式 3. 型号 4. 规格 5. 材质 6. 配线部位 7. 配线线制 8. 钢索材质、规格	m	按设计图示尺寸以单线长度计算（含预留长度）	1. 配线 2. 钢索架设（拉紧装置安装） 3. 支持体（夹板、绝缘子、槽板等）安装

（2）分析图纸：消防报警算量需要将平面图、系统图结合起来看。从平面图中可以看到桥架、电线的走势（图 6-19)，以及代表管线的标识信息，如标注为 SD、G、F、H 的管线分别代表管线规格型号以及敷设方式（图 6-20)。从系统图中可以看到配电箱之间联动控制线的走势，如 -1PY1、-1PY2、-2PY1 连至消防控制室（图 6-21)，以及从配电箱到消防器具的信息等（图 6-22)。根据常见的线型统计，清晰根数的计算，如表 6-3 所示。

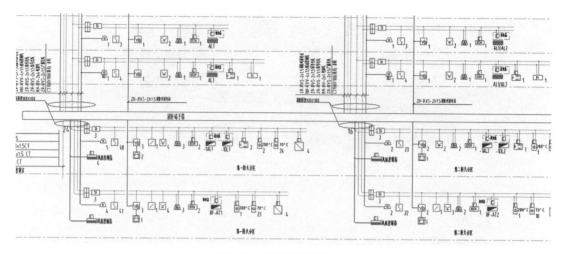

图6-19　消防报警平面图（1）

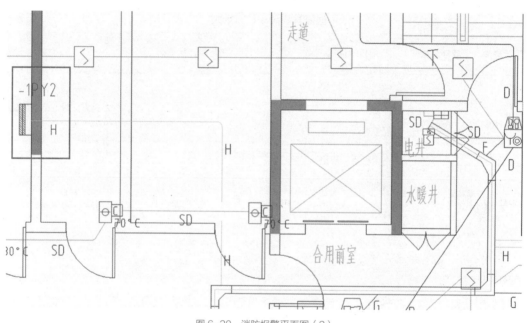

图6-20　消防报警平面图（2）

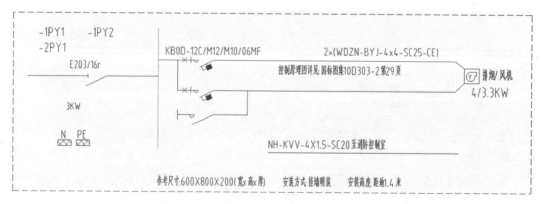

图6-21　系统图（1）

注：图中未标注的管线为信号二总线　ZR-RVS-2X1.5SC15CC/WC
—SD—　ZR-RVS-2X1.5+NH-BV-2X2.5信号线+电源线 SC20CC/WC
—G—　ZR-RVS-2X1.5消防广播线 SC15WC/CC
—F—　ZR-RVS-2X1.5消防对讲电话 SC15WC/FC
—H—　NH-KVV-4x1.5联动控制线　SC20WC/FC

图6-22　系统图（2）

常见的电缆识图　表6-3

常见的线型统计	
BV(需要乘以根数)	普通电线
BVR(需要乘以根数)	绝缘软电线
RVS（不分开算）	双绞线（缠绕在一起）抗干扰以及线路之间的串扰
RVB（不分开算）	双芯平行软线（粘在一起）消防工程禁止使用
KVV/KYJF（不分开算）	控制电缆 / 控制辐照交联电缆
RVVP（不分开算）	护套线

2. 软件处理

（1）软件处理思路：管线软件处理思路与消防器具类似（图6-23），先按照不同管径材质规格对管线列项，告诉软件需要计算什么，通过识别或绘制建立三维模型，检查模型是否存在问题，确定无误后进行提量。

列项　识别　检查　提量

图6-23　软件处理思路（长度统计）

（2）消防桥架统计。

①直线绘制。具体操作步骤为：点击"电线导管"→新建桥架→完善属性信息→绘制直线（图6-24）。

a. 点击"电线导管"：虽然"电缆导管"里面也可以新建桥架，但是如果要隐藏桥架键盘上按"L"，桥架和电缆都会被隐藏，而在"电线导管"里新建桥架，键盘上按"X"，桥架里的电缆还会显示。

b. 新建：在构件列表中点击"新建"，选择"桥架"。

c. 完善属性信息：宽度、高度、标高信息。

d. 点击"直线"：在平面图上绘制桥架，绘制时可开启状态栏"正交"按钮，提高绘图准确度。

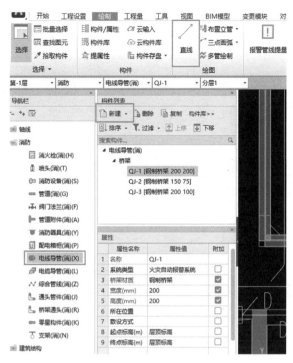

图 6-24　直线绘制

②识别桥架。具体操作步骤为：点击"识别桥架"→鼠标左键选择 CAD 线和标识、鼠标右键确定。

a.点击"识别桥架"。

b.鼠标左键选择代表桥架的 2 根 CAD 线和标识（可不选），鼠标右键确定。

c.如果有桥架断开没有连续识别，点击"通用编辑"下的"延伸"，先选择一条延伸边界线，再选择要延伸的构件图元，鼠标右键退出"延伸"功能。如图 6-25 所示。

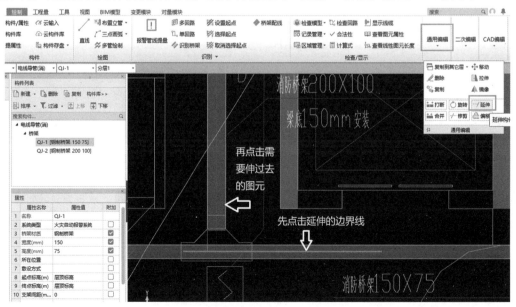

图 6-25　延伸具体操作

③布置竖向桥架：竖向桥架一般从地下室到顶层都会有，可以通过"布置立管"一次性将贯通整栋楼的某一根竖向桥架进行布置。"布置立管"具体操作步骤为：点击"布置立管"→输入标高信息→选择桥架→点画布置（图6-26）。

a. 点击"布置立管"，在弹出窗口输入起点标高和终点标高信息。

b. 构件列表中选择具体规格的桥架，如果没有需要的规格，则进行"新建"。

c. 点画布置到平面图竖向桥架的位置，让水平桥架和竖向桥架相通。

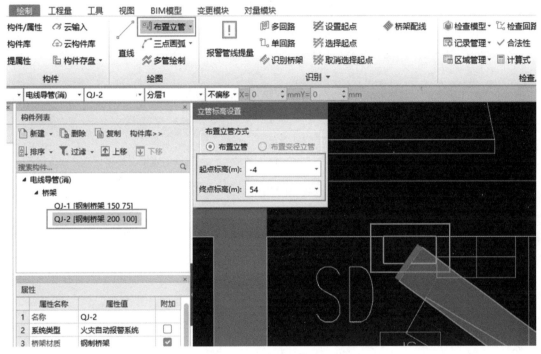

图6-26　布置立管具体操作

（3）报警管线统计。

①列项。根据平面图可以看到有标注为 SD、G、F、H 的管线：

SD：ZR-RVS-2×1.5+NH-BV-2×2.5 信号线 + 电源线 SC20 CC/WC；

G：ZR-RVS-2×1.5 消防广播线 SC15 WC/CC；

F：ZR-RVS-2×1.5 消防对讲电话 SC15 WC/FC；

G：NH-KVV-4×1.5 联动控制线 SC20 WC/FC。

G、F、H 管线"新建"具体操作步骤为："电缆导管"→新建"配管"→完善属性信息（导管材质、管径、电缆规格型号、标高信息）。

SD 管线"新建"具体操作步骤为："综合管线"→"新建一管共线"→完善属性信息（图6-27）。

a. 在"综合管线"下点击"新建一管共线"。

b. 完善导管材质、管径、标高信息。

c. 点击属性中的"线缆规格型号"，点击旁边的"…"按钮，弹出的窗口规格型号为 RVS-2×1.5 勾选"电缆"；BV-2×2.5 勾选"电线"（图6-28）。

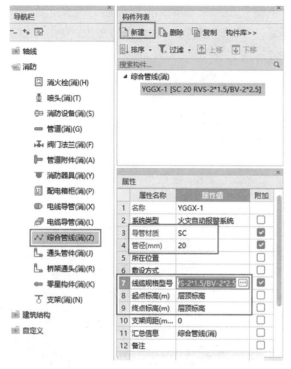

图 6-27 新建综合管线

图 6-28 重新指定线缆

◆ 应用小贴士：

"电线导管""电线导管""综合管线"的区别：

① 在"电线导管"下新建"配管"计算管内线缆的长度 = 电线导管长度 × 根数；

② 在"电缆导管"下新建"配管"计算管内线缆的长度 = 电缆导管长度 + 电缆导管长度 ×2.5%（考虑电缆敷设弛度、波形弯度、交叉的预留长度）；

③ 在"综合管线"下新建"一管共线"可以指定不同规格型号的线缆分别按电线或电缆计算。

如 RVS 和 KVV 属于只需要算单根长度，需在"电缆导管"中新建；BV 电源线需要计算单根的长度 × 根数，需在"电线导管"中新建。

②识别：有标注的报警管线等有需要统计长度的，可以通过"报警管线提量"功能完成，它可以按照相同图层、相同颜色、相同线型的管线一次性识别出来，从而快速完成长度统计。"报警管线提量"具体操作步骤为：点击"报警管线提量"→选择代表管线的 CAD 线→管线信息设置。

a. 点击"报警管线提量"，选择代表管线的 CAD 线。

b. 在弹出的管线信息设置里，双击"导线根数 / 标识"列的单元格，可以反查该标识对应的路径，确认图纸上的位置，检查路径是否正确，如图 6-29 所示。

c. 路径反查时，被反查线段为绿色亮显。当发现路径错误时，鼠标左键点选错误线段即可取消；若路径漏选某些线段，鼠标左键点选正确的线段，路径即可修正。例如反查标注是 D 的路径，绿色为反查的线缆路径，图纸中标注 D 为旁边白色的线段（图 6-30），鼠标左键点选绿色线段，取消选择，点选带标注 D 的白色线段修正路径。

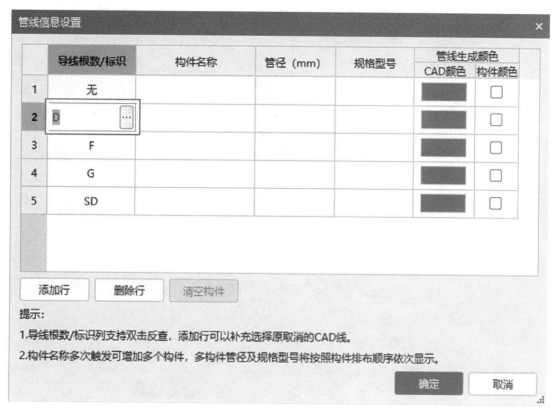

图 6-29　路径反查（1）

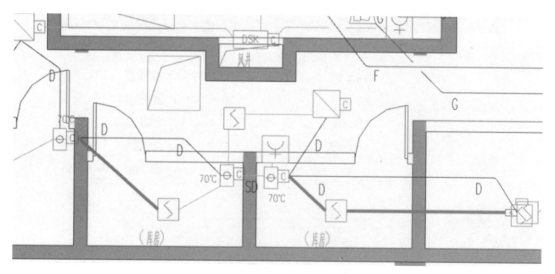

图 6-30　路径反查（2）

　　d. 双击构件名称下列的窗口，选择对应的配管，注意电缆导管、电线导管、综合管线下拉选择正确的管线，如未标注的是信号线，则下拉选择电缆导管下的信号二总线。如图 6-31 所示。

　　e. 构件选择完毕后，当勾选管线生成颜色下的"构件"，即可按构件里设置的颜色进行生成，如图 6-32 所示。

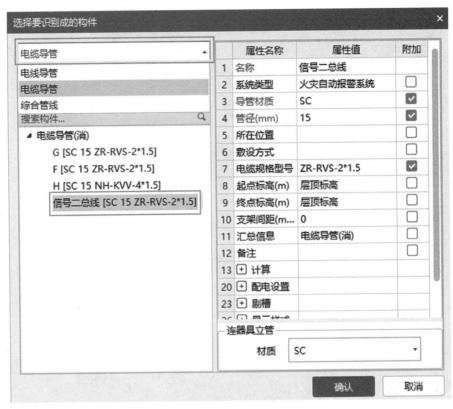

图 6-31 选择对应的配管

图 6-32 管线生成颜色

◆ 应用小贴士:

(1)当图纸上一根 CAD 线代表多根管,应该如何处理(图 6-33)?

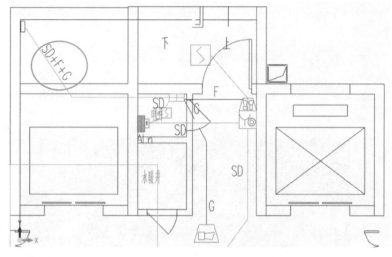

图6-33　一线多管（1）

解决方法：使用"报警管线提量"功能，在弹出的窗口"管线信息设置"，标注SD+F+H分三次分别选择对应的构件即可。如图6-34所示。

	导线根数/标识	构件名称	管径（mm）	规格型号	管线生成颜色	
					CAD颜色	构件颜色
1	无					☐
2	SD+F+H	SD,F,H	20,15,15	ZR-RVS-2*1....		☐

管线信息设置

图6-34　一线多管（2）

（2）当遇到管线走桥架，应如何算量，如：-1楼的-1PY1排烟配电箱走桥架到1楼消防控制室，如何计算桥架内的线缆工程量，参考图纸分析中图6-19、图6-21。

解决方法：

① 先将从-1PY1到桥架这一段的管线通过"报警管线提量"进行识别；

② 切换楼层到1楼，将1楼的配电箱和桥架进行识别；

③ 点击"设置起点"，将配电箱的顶标高（立管底标高）设置为起点，如图6-35所示；

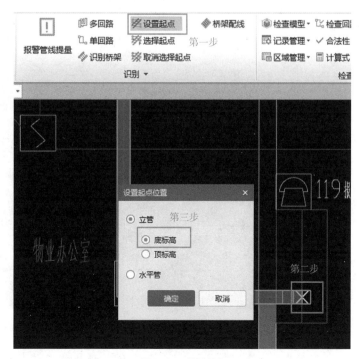

图6-35　设置起点

④切换楼层到-1楼，点击"选择起点"，选择从桥架出来的第一根配管，鼠标右键确定，如图6-36所示；

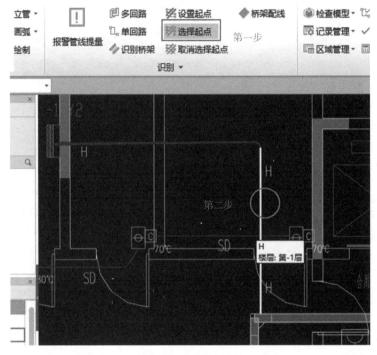

图6-36 选择起点（1）

⑤在"切换起点楼层"切换到"首层"，点击刚刚设置的起点即可，如图6-37所示；

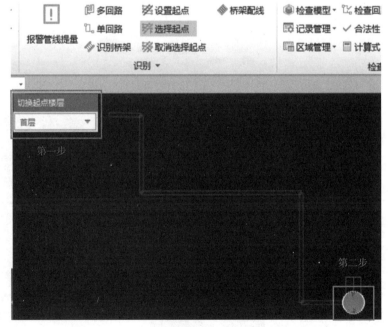

图6-37 选择起点（2）

⑥在"工程量"页签点击"图元查量"，选择从桥架出来的第一根配管（颜色呈现黄色），

查看电气线缆工程量，电缆单根总长度包含管内/裸线单根配线长度，线槽内单根配线长度和单根预留长度。如图6-38所示。

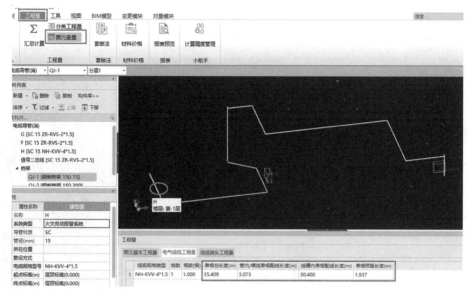

图6-38 线缆长度

（3）如果沿墙暗敷管线需要计算剔槽的工程量，并且将识别出的管线计算到墙体中，应如何处理？

解决方法：

以下操作在管线识别前进行：

①切换到"建筑结构"墙构件。注意：墙识别前要切换到墙构件下；

②点击"自动识别"，鼠标右键选择楼层。墙体"自动识别"功能可以一次性识别全部或者部分楼层的墙体，如图6-39所示；

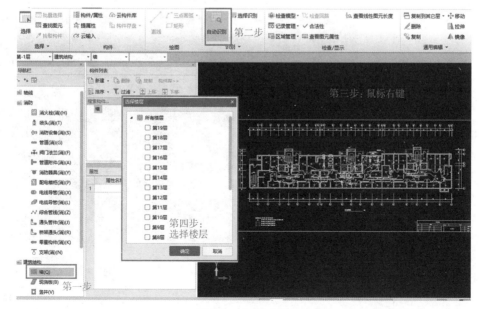

图6-39 自动识别墙

③"确定"生成：确定之后，墙体生成，点击批量选择，将所有墙选中，修改属性墙体类型为"砌块墙"即可。如图 6-40 所示。

图 6-40　自动识别墙效果

③检查：消防报警系统中管线识别后，可以使用"检查回路"判断回路是否通畅，以及和末端消防设备是否相连。具体操作步骤为：点击"检查回路"→点选回路上某一根管线→查看回路完整性及工程量，如图 6-41 所示。

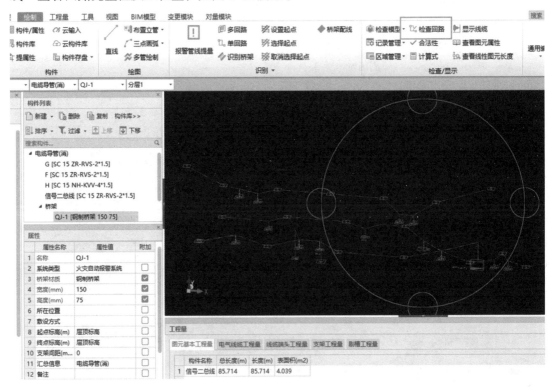

图 6-41　检查回路

④提量：报警管线识别完毕，可以使用"图元查量"查看已提取工程量。具体操作步骤为：点击"图元查量"→框选需要查量的范围→基本工程量。

a. "图元查量"功能在"工程量"页签下。

b. 在绘图区域框选需要查量的范围，即可出现图元基本工程量，如图6-42所示。

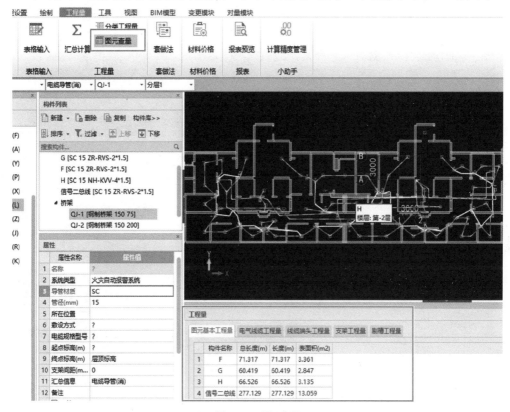

图6-42　图元查量

6.1.3　零星统计

1. 业务分析：计算规则依据

《通用安装工程工程量计算规范》GB 50856—2013中关于接线箱、盒工程量统计需要区分不同的名称、材质、规格、安装形式按数量进行统计，如表6-4所示。

零星构件计算规则　　　　　　　　　　　　　　　　　表6-4

项目编码	项目名称	项目特征	计量单位	工程量计算规则	工作内容
030411005	接线箱	1. 名称 2. 材质 3. 规格 4. 安装形式	个	按设计图示数量计算	本体安装
030411006	接线盒				

2. 软件处理：接线盒统计

在《通用安装工程工程量计算规范》GB 50856—2013备注里，对于配线保护管遇到下列情况之一时，应增设管路接线盒和拉线盒，软件中的具体设置可参考第10章 计算设置专题中消防专业计算设置相关内容。

接线盒统计具体操作步骤为：导航栏切换至零星构件→点击"生成接线盒"→修改属性→选择生成接线盒的图元→确定生成。

① 切换构件到"零星构件"。

② 点击"生成接线盒"，弹出构件列表的窗口，软件自动建立接线盒构件。

③ 配管材质是 SC20（焊接钢管），接线盒的材质修改为"金属"，点击确定。如图 6-43 所示。

图 6-43　生成接线盒（1）

④ 弹出"生成接线盒"选择图元窗口，选择消防器具、电线导管、电缆导管、综合管线进行生成接线盒。如图 6-44 所示。

图 6-44　生成接线盒（2）

⑤ 接线盒按照设置自动生成。当接线盒种类不同时，可多次使用"生成接线盒"，生成时新建接线盒。

6.2 喷淋灭火系统

消防中喷淋灭火系统通常要计算的工程量如图 6-45 所示。

数量统计	喷头
长度统计	喷淋管道
管道附件	阀门、法兰、水流指示器等

图 6-45　喷淋系统需要计算的工程量

6.2.1　数量统计

1. 业务分析

（1）计算规则依据：

从《通用安装工程工程量计算规范》GB 50856—2013 可以看出，统计喷头工程量时需要区分不同的名称、材质、规格等按数量进行统计，如表 6-5 所示。

喷淋头计算规则　　　　　　　　　　　　　　　　　表 6-5

项目编码	项目名称	项目特征	计量单位	工程量计算规则	工作内容
030901003	水喷淋（雾）喷头	1. 安装部位 2. 材质、型号、规格 3. 连接形式 4. 装饰盘材质、型号	个	按设计图示数量计算	1. 安装 2. 装饰盘安装 3. 严密性试验

（2）分析图纸：喷淋灭火系统通过设计说明（图 6-46）可以得到喷头的规格及安装高度；通过主要材料表及图例（图 6-47），可以清楚不同的喷头在平面图的表示形式。

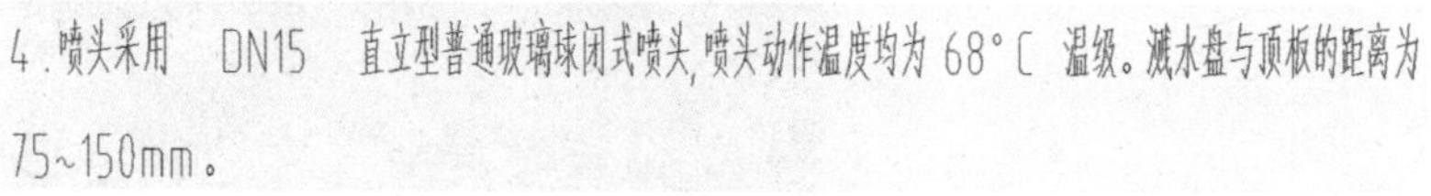

4. 喷头采用　DN15　直立型普通玻璃球闭式喷头,喷头动作温度均为 68°C 温级。溅水盘与顶板的距离为 75～150mm。

图 6-46　设计说明

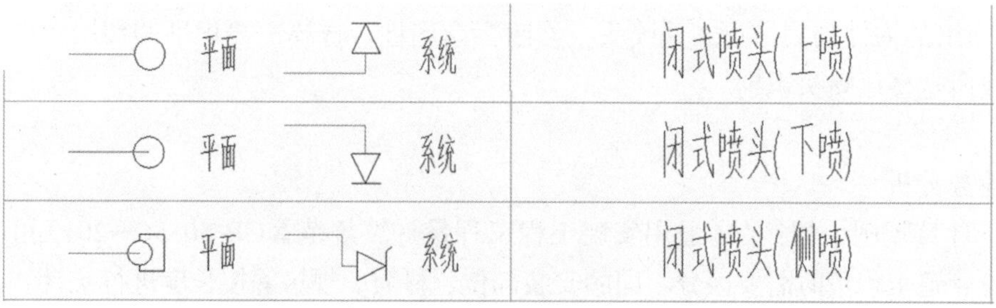

─○ 平面	▽ 系统	闭式喷头(上喷)
─○ 平面	▽ 系统	闭式喷头(下喷)
─◁ 平面	▷ 系统	闭式喷头(侧喷)

图 6-47　图例说明

2. 软件处理

（1）软件处理思路：喷头软件处理思路与消防器具相同（图 6-48），同样按照四步流程思路进行算量。

图 6-48　软件处理思路（喷头）

（2）喷头统计：喷头同消防电专业中的消防器具一样，也可以通过"设备提量"功能完成，它可以将相同图例的喷头一次性识别出来，从而快速完成数量统计。"设备提量"具体操作步骤：点击"设备提量"→选中需要识别的CAD图例→选择要识别成的构件→"选择楼层"→点击"确认"。

① 在导航栏选择喷头，点击"设备提量"。

② 选中需要识别的CAD图例：点选或者框选要识别的喷头的图例及标识（无标识可不选），被选中的喷头呈现蓝色。如图 6-49 所示。

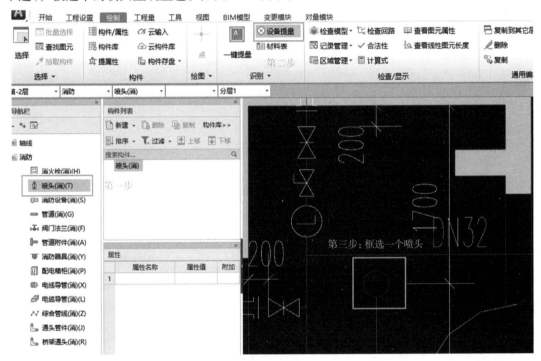

图 6-49　喷头设备提量

③ 弹出的构件列表窗口新建喷头，修改标高属性，选择需要识别的楼层，点击确定。即可完成所选楼层喷头识别。

6.2.2　长度统计

1. 业务分析

（1）计算规则依据：从《通用安装工程工程量计算规范》GB 50856—2013 可以看出，统计喷淋管道工程量时需要区分不同的安装部位、材质、规格等按长度进行统计，如表 6-6 所示。

表6-6

喷淋钢管计算规则

项目编码	项目名称	项目特征	计量单位	工程量计算规则	工作内容
030901001	水喷淋钢管	1. 安装部位 2. 材质、规格 3. 连接形式 4. 钢管镀锌设计要求 5. 压力试验及冲洗设计要求 6. 管道标识设计要求	m	按设计图示管道中心线以长度计算	1. 管道及管件安装 2. 钢管镀锌 3. 压力试验 4. 冲洗 5. 管道标识

（2）分析图纸：通过设计说明。可以得到喷淋灭火系统的危险等级（图6-50），以及喷淋管道连接的方式（图6-51）；从平面图可以知道管道的走势以及管径信息（图6-52）。

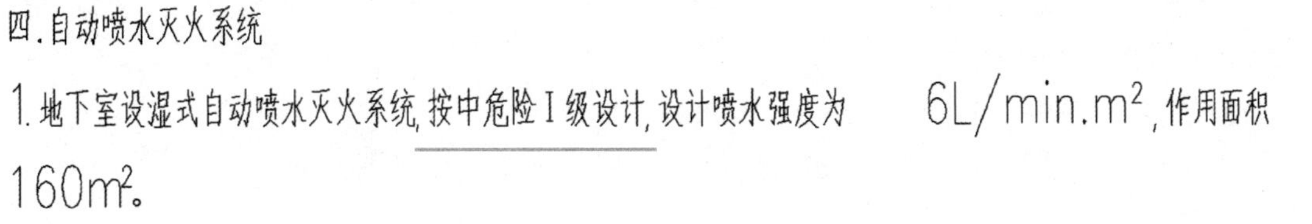

四.自动喷水灭火系统

1. 地下室设湿式自动喷水灭火系统,按中危险Ⅰ级设计,设计喷水强度为 $6L/min \cdot m^2$,作用面积 $160m^2$。

图 6-50　喷淋灭火系统设计说明

4. 消火栓给水管道采用加厚型内外壁热镀锌钢管,DN≤80丝扣连接,DN>80沟槽式卡箍连接。管道及附件公称压力为1.60MPa。自喷管道采用内外壁热镀锌钢管,DN≤80丝扣连接,DN>80沟槽式卡箍连接。管道及附件公称压力为1.60MPa。

图 6-51　管道连接说明

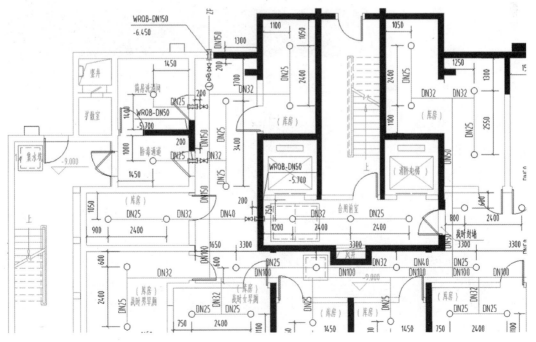

图 6-52　喷淋灭火系统平面图

2. 软件处理

（1）软件处理思路：喷淋管道软件处理思路同样是四步流程，如图6-53所示。

图6-53　软件处理思路（喷淋管道）

（2）喷淋管道统计：喷淋灭火系统中常见的三种场景：①没有管径标识，图纸说明按照相关设计规范以及危险等级计算管道；②有管径标识，标识不全；③不同的管径标识，处于不同的图层，同时CAD线有断开。这些都可以使用"喷淋提量"功能快速完成喷淋管道计算。

"喷淋提量"具体操作步骤：点击"喷淋提量"→框选喷淋图纸→喷淋分区反查调整相关信息→点击"生成图元"。

① 导航栏切换到"管道"，点击"喷淋提量"。

② 框选某层整张喷淋图纸，如选择 –2 层自喷管道平面图（图6-54）。

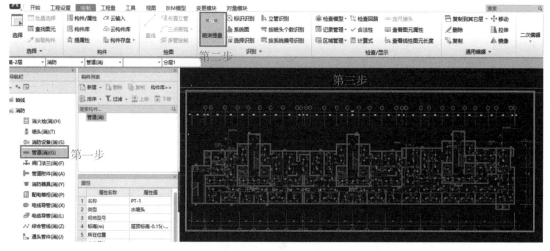

图6-54　喷淋提量（1）

③鼠标右键确定后弹出的窗口"喷淋分区反查"，点击"识别设置"，在左侧弹出窗口中根据设计说明信息调整管道材质、管道标高、危险等级，勾选"优先按标注计算管径"（先考虑图纸标注，再考虑危险等级下的管径规格），如图6-55所示。

④ 在喷淋分区反查中，点击不同的分区，即可看到不同的分区亮显；点击"分区入水口"和"分区末端试水"，检查是否正确。如分区 -2 中，分区入水口不对，这不属于入水口，应该是末端管道（图6-56），序号3的才是分区入水口，则选择序号3，勾选"入水口"即可，如图6-57所示。

⑤ 喷淋灭火系统一般只有一个入水口和一个末端试水装置，如果有多个，检查是否有多识别的图元。如分区 -2 中，序号2的分区末端试水装置，是多出来的一段CAD线识别成管道，鼠标左键选择多出的部分，鼠标右键取消（图6-58)，如果在右下方还有管径错误等提示，通过"改管径""补画"等功能操作即可。

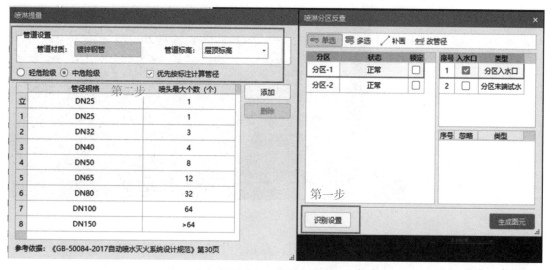

图 6-55　喷淋提量（2）

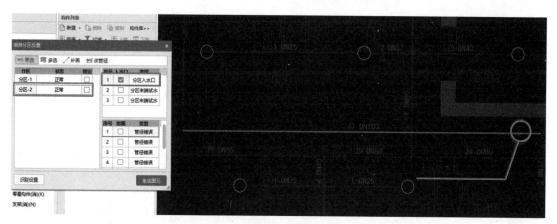

图 6-56　分区反查（1）

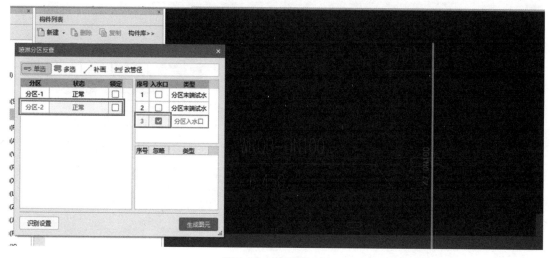

图 6-57　分区反查（2）

图 6-58 分区反查（3）

⑥ 喷淋分区反查全部调整修改完毕后，点击"生成图元"，喷淋管道图元全部生成，且和喷头相连的立管也自动生成，针对不同的管径软件自动用不同的颜色进行区分。

◆ 应用小贴士：

设计说明中镀锌钢管管径＞ 80 时沟槽式卡箍连接，管径≤ 80 时丝扣连接，软件是否能按照说明计算对应的管件。

解决方法：通过"工程设置"页签下的"设计说明信息"，进行调整即可。具体操作步骤为：页签切换到"工程设置"→点击"设计说明信息"→水专业的页签中找到消防水→调整修改，如图 6-59 所示。

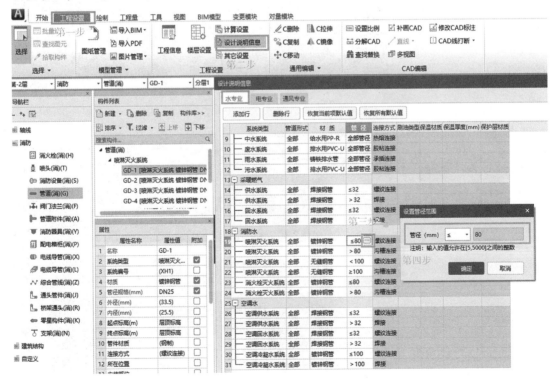

图 6-59 设计说明信息

修改完成后，通过"图元查量"，框选管道模型，同时可以查到管道工程量和按连接方式生成的连接件工程量。如图 6-60 所示。

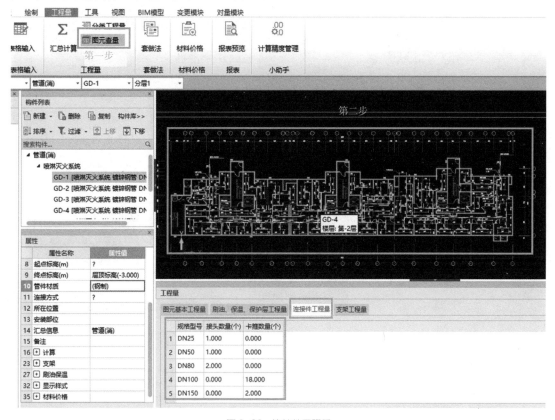

图 6-60　连接件工程量

6.2.3　管道附件

水平管道上的阀门法兰、管道附件都可以通过"设备提量"进行识别。立管上的阀门法兰等管道附件在平面图上表示不出来，通常在系统图上体现，可以通过"点"画的方式布置。

"设备提量"具体操作步骤为：导航栏切换到"阀门法兰"→点击"设备提量"→选中需要识别的 CAD 图例→新建阀门，修改属性→"选择楼层"→点击"确认"（图 6-61）。

无须修改阀门规格型号，识别完成后，会根据所依附的管道规格型号自动生成。

立管上阀门法兰"点"画操作步骤为：新建阀门→修改属性信息"类型"→点击"点"→点击立管→输入阀门标高信息→点击"自适应属性"→框选或点选图元，鼠标右键确定→弹出窗口确定即可。

①　新建阀门，按照材料表及图例修改阀门类型。

②　点击"点"，布置在立管上，弹出窗口输入阀门标高信息，确定后生成阀门，但是阀门的规格型号是空的。

③　点击"自适应属性"，框选或点选阀门图元，鼠标右键确定。

④　弹出"构件属性自适应"窗口，确定"规格型号"一行是勾选状态，确定即可，阀门的规格型号即可按照管道型号自动刷新。如图 6-62 所示。

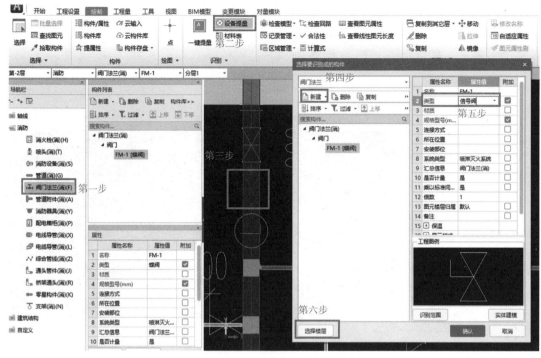

图 6-61　阀门法兰识别

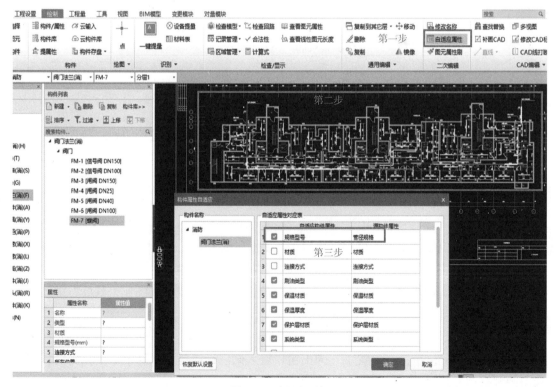

图 6-62　自适应属性

6.3　消火栓系统

消防中消火栓系统通常要计算的工程量如图 6-63 所示。

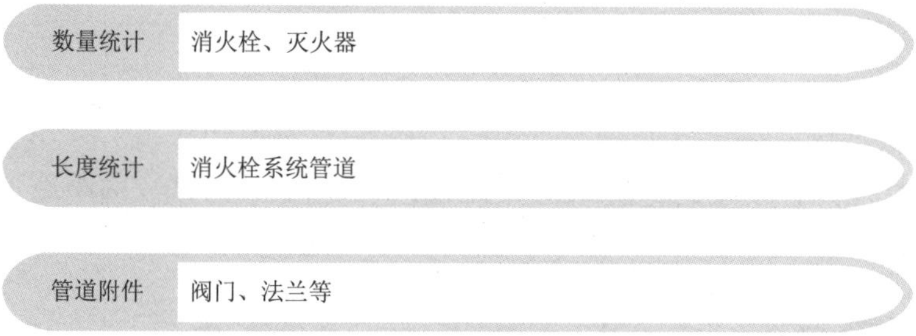

数量统计	消火栓、灭火器
长度统计	消火栓系统管道
管道附件	阀门、法兰等

图 6-63　消火栓系统需要计算的工程量

6.3.1　数量统计

1. 业务分析

（1）计算规则依据：《通用安装工程工程量计算规范》GB 50856—2013 中，消火栓及灭火器工程量需要区分不同的安装方式、规格等按数量进行统计，如表 6-7 所示。

消火栓计算规则　　　　　　　　　　　　　　　　表 6-7

项目编码	项目名称	项目特征	计量单位	工程量计算规则	工作内容
030901010	室内消火栓	1. 安装方式 2. 型号、规格 3. 附件材质、规格	套	按设计图示数量计算	1. 箱体及消火栓安装 2. 配件安装
030901011	室外消火栓				1. 安装 2. 配件安装
030901013	灭火器	1. 形式 2. 型号、规格	具（组）		设置

（2）分析图纸：图纸设计说明中可以查询到消火栓的类型和规格（图 6-64），若图纸中没有明确告知消火栓的栓口高度，可以根据主要材料表中备注的图集及规格型号查到图集的对应位置，计算出栓口的高度。如图 6-65 所示。

b. 住宅部分消火栓均采用 SG18D65Z-J单栓组合式消防柜尺寸为：1800x700x180。消防柜内配有 DN65消火栓阀一个，麻质衬胶水龙带 25m长一条，∅19直流水枪一支，25米消防软管卷盘一个，MF/ABC4型手提式磷酸铵盐干粉灭火器二具等，详见国标 04S202-24。

图 6-64　消火栓设计说明

序号	名　称	型　号　规　格	数　量	备　注
1	普通旋翼式水表	湿式 DN20,PN=1.60MPa	按图计	计量
2	试验消火栓	SG24A65-J消防箱	1套	GB04S202-16
3	室内消火栓	SG18D65Z-J(单栓)	120套	GB04S202-24

图 6-65　消火栓材料表

2. 软件处理

（1）软件处理思路：消火栓系统设备构件处理同样是列项、识别、检查、提量，如图6-66所示。

图6-66　软件处理思路（消火栓系统）

（2）消火栓统计：根据室内消火栓安装图集04S202，栓口高度为距地1100mm，以柜式消火栓为例，支管的高度=1100–220–100=780mm（图6-67）。

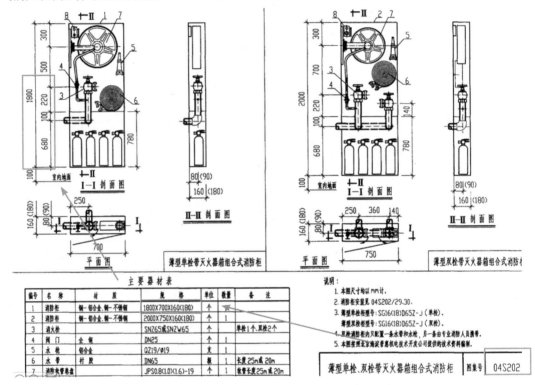

图6-67　图集04S202

消火栓识别具体操作步骤为：点击"消火栓"→选择要识别为消火栓的CAD图元→修改消火栓参数设置→修改消火栓支管参数设置→确定生成。

①导航栏切换到"消火栓"，点击功能键"消火栓"。

②选择要识别成消火栓的CAD图元，鼠标右键确定。如图6-68所示。

③消火栓参数设置中，选择要识别的消火栓，软件自动建立消火栓构件，修改属性信息，如消火栓高度、栓口高度。如图6-69所示。

④消火栓支管参数设置中，修改支管管径、水平支管标高、消火栓类型，以及消火栓支管连接方式图例。修改完毕，确定生成。消火栓以及消火栓水平支管均生成对应图元（图6-70）。

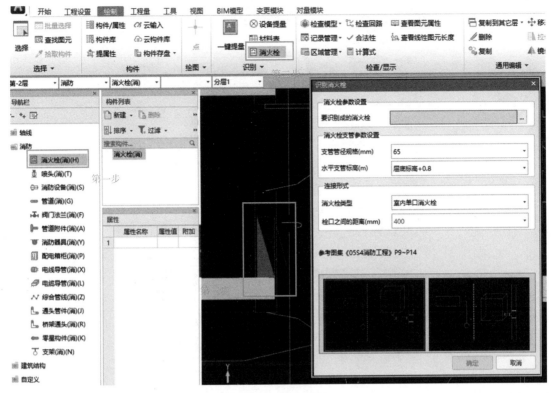

图 6-68　识别消火栓

图 6-69　消火栓参数设置

6.3.2　长度统计

1. 业务分析

（1）计算规则依据：《通用安装工程工程量计算规范》GB 50856—2013 中，统计消火栓管道工程量时需要区分不同的安装部位、材质、规格等按中心线长度进行计算，如表 6-8 所示。

图6-70 消火栓支管参数设置

消火栓管道计算规则   表6-8

项目编码	项目名称	项目特征	计量单位	工程量计算规则	工作内容
030901002	消火栓钢管	1. 安装部位 2. 材质、规格 3. 连接形式 4. 钢管镀锌设计要求 5. 压力试验及冲洗设计要求 6. 管道标识设计要求	m	按设计图示管道中心线以长度计算	1. 管道及管件安装 2. 钢管镀锌 3. 压力试验 4. 冲洗 5. 管道标识

（2）分析图纸：图纸设计说明中对消火栓给水管的材质以及连接方式（图6-71）等信息有相关说明；消火栓水平管系统图可以读取管道标高以及管径（图6-72），从消火栓立管系统图可以知道整栋楼立管的管径（图6-73），在平面图上可以知道水平管和立管的位置，计算管道长度（图6-74）。

4. 消火栓给水管道采用加厚型内外壁热镀锌钢管，DN≤80丝扣连接，DN＞80沟槽式卡箍连接。管道及附件公称压力为1.60MPa。自喷管道采用内外壁热镀锌钢管，DN≤80丝扣连接，DN＞80沟槽式卡箍连接。管道及附件公称压力为1.60MPa。

图6-71 消火栓给水管说明

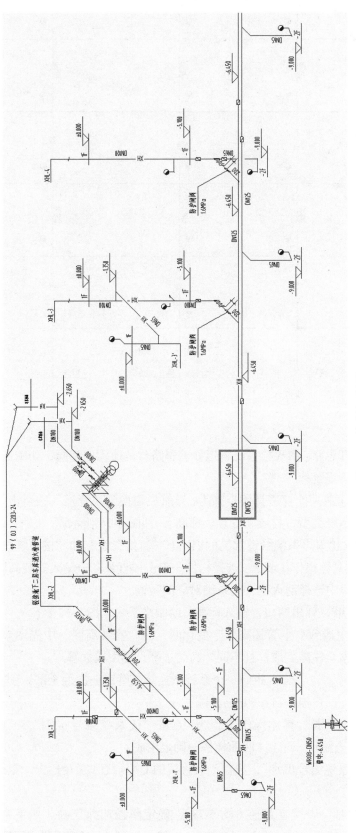

图 6-72 消火栓系统图

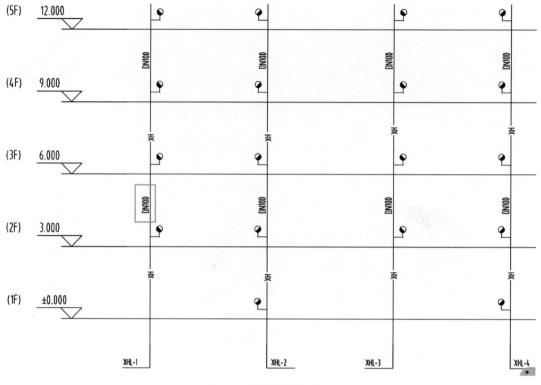

图6-73 消火栓立管系统图

2. 软件处理

（1）软件处理思路：消火栓系统管道处理思路与其他构件相同，如图6-75所示。

（2）消火栓管道统计。

①列项。新建消火栓管道具体步骤为：导航栏切换到"管道"→点击"新建"→修改管道属性信息（系统类型、材质、管径、标高），如图6-76所示。

②识别：消火栓灭火系统管道常见的识别有"直线"绘制和"按系统编号识别"。

"直线"绘制具体操作步骤为：选择构件→点击"直线"→输入安装高度→绘制。

a. 在构件列表中选择消火栓灭火系统对应的管道。

b. 点击"直线"，弹出窗口，输入标高，绘制水平管（图6-77）。

c. 绘制过程中遇到水平管标高发生变化时，在"安装高度"中先调整标高，再绘制，水平管标高按调整后标高生成，且不同标高的水平自动生成立管。

"按系统编号识别"原理：将同一个系统下连续的管道一次性全部识别，可以按照系统类型、管径标识，反建构件自动匹配属性。

"按系统编号识别"具体操作步骤为：点击"按系统编号识别"→选择代表管线的CAD和标识→反查路径→建立/匹配构件→确定生成。

a. 点击"按系统编号识别"，选择代表管线的CAD线和管径标识，鼠标右键确定，如图6-78所示。

b. 在弹出的窗口中反查路径（图6-79），确定路径选择正确。如果DN125被识别成DN65，在DN125的路径下，选择相应的CAD线，选到DN125的路径下即可（图6-80）。

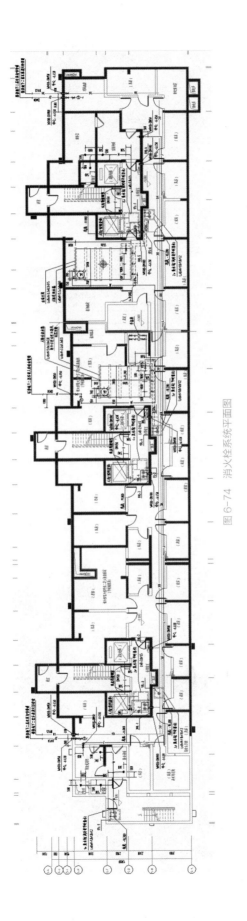

图6-74　消火栓系统平面图

图 6-75 软件处理思路（消火栓系统管道）

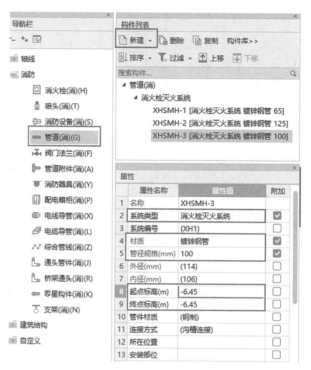

图 6-76 新建消火栓管道

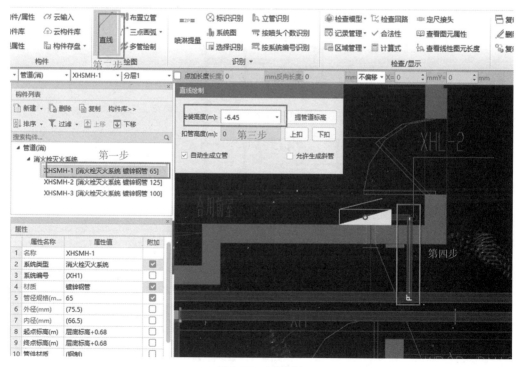

图 6-77 直线绘制

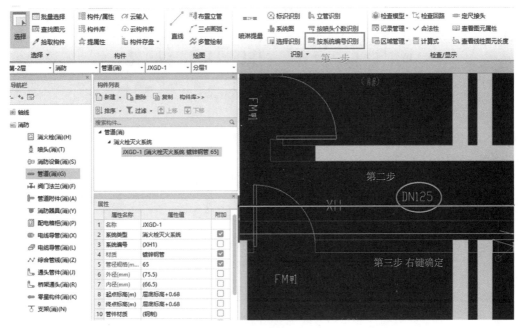

图6-78 按系统编号识别

图6-79 路径反查

图6-80 路径修改

c. 点击"建立 / 匹配构件"。如果构件列表中有建好的构件，会根据管径自动匹配；如果构件列表没有建立对应管径的构件，则会根据管径自动反建构件。如图 6-81 所示。

图 6-81　建立、匹配构件

③ 检查：消火栓系统以及喷淋灭火系统管道识别后，均可通过"检查回路"判断回路是否通畅，以及是否和消火栓或喷头相连。

"检查回路"具体操作步骤为：点击"检查回路"→点选回路上某一根管线→查看回路完整性及工程量。如图 6-82 所示。

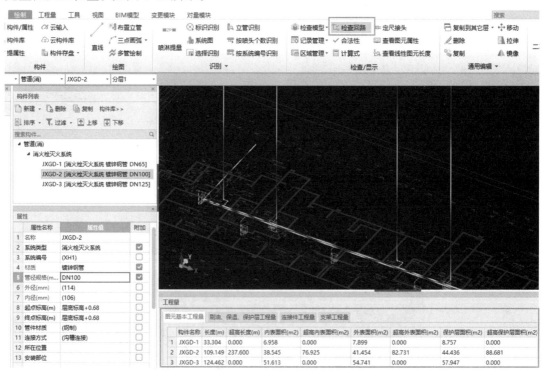

图 6-82　检查回路

第7章 工程量计算—通风空调篇

本章内容为通风空调专业工程量的计算，主要讲解空调风系统和空调水系统工程量计算的思路、功能、注意事项及软件处理技巧。

7.1 通风空调—风系统

空调风系统通常要计算的工程量如图 7-1 所示。

数量统计	风机、风机盘管、加热器、除尘设备、空调器等
长度统计	通风管道、保温、软接等
部件统计	风口、风阀、静压箱、消声器等

图 7-1 空调风系统需要计算的工程量

7.1.1 空调风系统—数量统计

1. 业务分析

（1）计算规则依据：从《通用安装工程工程量计算规范》GB 50856—2013 可以看出，统计工程量时需要区分不同的名称、型号、规格、安装形式等按设计图示数量计算，如表 7-1 所示。

空调风系统通风设备的清单计算规则 表 7-1

项目编码	项目名称	项目特征	计量单位	工程量计算规则	工作内容
030701003	空调器	1. 名称 2. 型号 3. 规格 4. 安装形式 5. 质量 6. 隔振垫（器）、支架形式、材质	台（组）	按设计图示数量计算	1. 本体安装或组装、调试 2. 设备支架制作、安装 3. 补刷（喷）油漆
030701004	风机盘管	1. 名称 2. 型号 3. 规格 4. 安装形式 5. 减振器、支架形式、材质 6. 试压要求	台		1. 本体安装、调试 2. 支架制作、安装 3. 试压 4. 补刷（喷）油漆

（2）分析图纸：空调风系统中空调设备一般需要参考的图纸包括设计说明信息、施工设计说明以及平面布置图。从设计说明信息中获取主要设备表，设备表中包括通风设备的具体信息：设备编号、设备名称、型号等（图 7-2）；从施工设计说明中可以获得空调设备的安装位置（图 7-3）；从平面布置图中可以获得通风设备的具体位置（图 7-4）。

序号	设备编号	设备名称	型号	性能参数		数量	单位	备注
1	XF-1	新风处理机组	DBFP31	风量:3000 m³/h　风压:321 Pa 制冷量:16.9 kW　制热量:32.10 kW 电量:0.55/4 kW		5	台	卫生间吊顶内安装 各空调房间新风 重量:107kg/台
2	XF-2	新风处理机组	DBFP10	风量:10000 m³/h　风压:180 Pa 制冷量:113.2 kW 电量:3/4 kW		1	台	厨房吊顶内安装 厨房补风 重量:270kg/台
3	PQ-1	喷顶式排气扇	BLD-400	风量:400 m³/h　风压:100 Pa 电量:60 W		10	台	排气扇自带止回阀装置
4	PQ-2	喷顶式排气扇	BLD-180	风量:180 m³/h　风压:100 Pa 电量:40 W		5	台	排气扇自带止回阀装置
5	PF-2	壁挂式排气扇		风量:400 m³/h　风压:100 Pa 电量:60 W		5	台	浴室、更衣、泵房、配电
6	PF-3	混流风机		风量:4500 m³/h　风压:250 Pa 电量:0.75 W		1	台	卫生间排风
7	FP-003	卧式暗装风机盘管		风量:440 m³/h　制冷量:2820 W 制热量:4700 W　电量:65 W		11	台	
8	FP-004	卧式暗装风机盘管		风量:590 m³/h　制冷量:3740 W 制热量:6260 W　电量:84 W		82	台	
9	FP-005	卧式暗装风机盘管		风量:720 m³/h　制冷量:4500 W 制热量:7500 W　电量:105 W		16	台	

图 7-2　空调风系统通风设备主要设备表

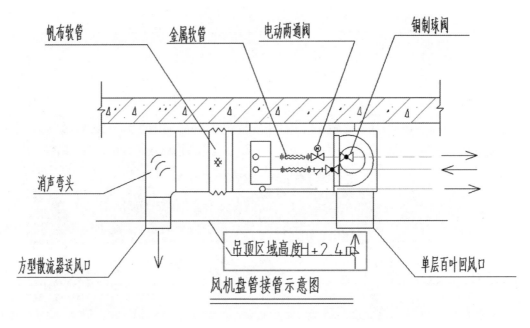

图 7-3　空调风系统通风设备安装详图

2. 软件处理

（1）软件处理思路：软件处理思路与手算思路类似（图 7-5），先进行列项告诉软件需要计算什么，通过识别的方式形成三维模型，识别完成后检查是否存在问题，确认无误后

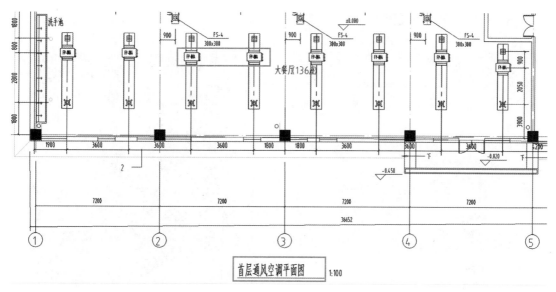

图 7-4　空调风系统通风设备平面布置图

图 7-5　软件处理思路（空调风系统）

进行提量。

（2）列项＋识别：空调风系统中通风设备的列项与识别可同步进行，软件提供两种功能。

① 通风设备：此功能可以快速识别同系列的设备，如风机盘管 FP003、FP004……为同系列设备。此功能可快速完成同系列设备工程量的统计。具体操作步骤为："通风设备"→选择图例标识→修改属性信息。

a. 点击"通风设备"：注意在通风空调专业下选择"通风设备"功能，如图 7-6 所示。

b. 选择图例标识：鼠标左键选择平面图中通风设备图例，注意有标识的需要同时提取通风设备标识，软件

图 7-6　空调风系统通风设备功能

中图例、标识选中后呈现蓝色，如图 7-7 所示。

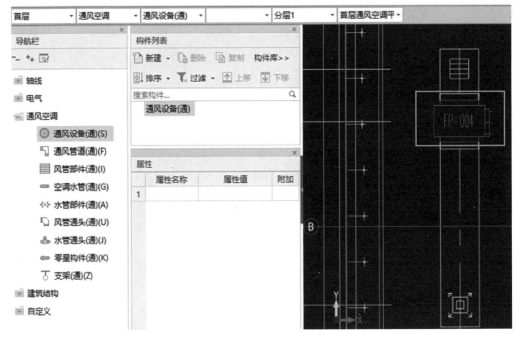

图 7-7　空调风系统通风设备 CAD 选中后显现蓝色

c. 修改属性信息：鼠标右键弹出构件编辑窗口，修改通风设备的类型、规格型号、设备高度、标高，注意选择楼层，可以一次只识别一层，也可以一次性识别多层，如图 7-8 所示。

图 7-8　空调风系统通风设备属性窗口

② 设备提量：空调风专业相同图例的设备可以通过"设备提量"功能完成一次性识别，从而快速完成数量统计。具体操作步骤为："设备提量"→选择图例标识→修改属性信息。

a. 点击"设备提量"：注意在通风空调专业下选择"设备提量"功能，如图 7-9 所示。

图 7-9　空调风系统通风设备的设备提量

　　b. 选择图例标识：鼠标左键选择平面图中通风设备图例，有标识的注意同时提取设备标识。软件中图例、标识选中后呈现蓝色（同图 7-7）。

　　c. 修改属性信息：点击"新建"，修改通风设备的类型、规格型号、设备高度、标高，选择楼层，可以一次只识别一层，也可以一次性识别多层，注意识别范围的选择。如图 7-10所示。

图 7-10　空调风系统通风设备提量的新建

◆ 应用小贴士：

采用"通风设备"功能识别数量为 0，一般是由于：设备标识位置距离图例较远。此时调整 CAD 识别选项中的默认距离即可。具体操作步骤为：打开"CAD 识别选项"→修改"选中标识和要识别 CAD 图例或者选中标识和要识别 CAD 线之间的最大距离"。具体修改的数值因图纸而定，可以实际测量标识和图例之间的距离，再将此处的数值修改为比测量数据稍大的数值即可。因 CAD 图纸所产生的类似识别问题，均可通过 CAD 识别选项进行调整。如图 7-11 所示。

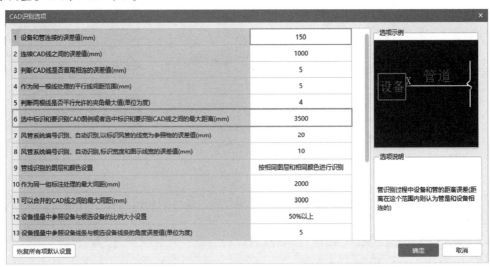

图 7-11　空调风系统通风设备的 CAD 识别选项

（3）检查：通风设备识别完成后可以通过"CAD 图亮度"功能进行检查。

"CAD 图亮度"原理：通过调整 CAD 底图的亮度核对图元是否已识别，快速查看图纸中的通风设备哪些已识别、哪些未识别。亮显图元代表已识别，未亮显图元代表未识别。如图 7-12 所示。

图 7-12　空调风系统通风设备的 CAD 图亮度

（4）提量：数量统计完成，可以使用"图元查量"查看已提取的工程量。具体操作步骤为：切换到通风设备下"工程量"模块→点击"图元查量"→框选需要查量的范围→基本工程量。如图 7-13 所示。

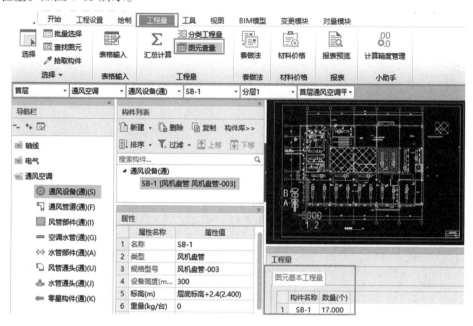

图 7-13　空调风系统通风设备图元查量

7.1.2　空调风系统—管道统计

1. 业务分析

（1）计算规则依据：从《通用安装工程工程量计算规范》GB50856—2013 可以看出，统计工程量时需要区分不同的名称、材质、形状、规格、板材厚度等按设计图示尺寸以展开面积计算，如表 7-2 所示。

空调风系统通风管道清单计算规则　　　　　　　　　　　　表 7-2

项目编码	项目名称	项目特征	计量单位	工程量计算规则	工作内容
030702001	碳钢通风管道	1. 名称 2. 材质	m²	按设计图示内径尺寸以展开面积计算	1. 风管、管件、法兰、零件、支吊架制作、安装 2. 过跨风管落地支架制作、安装
030702002	净化通风管道	3. 形状 4. 规格 5. 板材厚度 6. 管件、法兰等附件及支架设计要求 7. 接口形式			
030702003	不锈钢板通风管道	1. 名称 2. 形状			
030702004	铝板通风管道	3. 规格 4. 板材厚度			
030702005	塑料通风管道	5. 管件、法兰等附件及支架设计要求 6. 接口形式			

（2）分析图纸：通风管道信息一般需要参考设计说明和平面图。设计说明信息中一般能得到通风管道的材质、保温（图7-14），平面图中一般能得到通风管道的具体位置、尺寸信息、系统类型（图7-15）以及通风管道的高度（图7-16），以下图纸信息仅供参考，具体信息根据图纸判定。

九、施工说明
1. 管材及附件：
a. 水管：空调采暖管道均采用热镀锌钢管，管径小于等于100mm采用螺纹连接，大于100mm采用法兰连接。冷凝水管道采用热镀锌钢管，螺纹连接。
b. 风管：空调、通风风管均采用镀锌钢板制作，厚度及加工方法按《通风与空调工程施工质量验收规范》GB50243-2017的规定进行。
2. 工作压力：空调采暖系统设计工作压力为0.40MPa。
3. 试压：空调水管、采暖管道安装完毕保温之前，应进行水压试验水压试验，做法按《通风与空调工程施工及验收规范》(GB50243-2002)第9.2.3条的要求进行。
4. 保温：热力入口、管井、吊顶内及其它有冻结危险或保冷要求的冷热水管道均应做保温。
a. 水管：冷热水管道保温厚度参照DB11/687-2009附录G，保温材料采用离心玻璃棉，管径≤DN40，保温厚度35mm，DN50~DN100，保温厚度40mm；冷凝水管道做防结露保温，保温材料采用离心玻璃棉，保温厚度13mm。
b. 风管：空调风管保温材料采用玻璃棉，保温厚度25mm，具体做法见图集《91SB6-1》-P53。

图 7-14 空调风系统通风管道设计说明信息

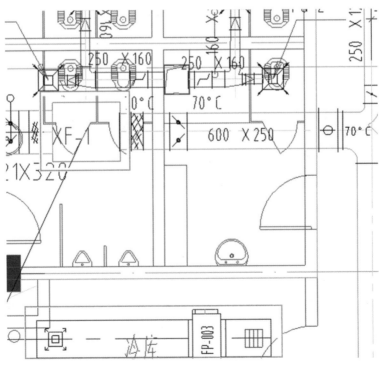

图 7-15 空调风系统通风管道平面布置图（1）

2. 软件处理

（1）软件处理思路：空调风系统管道的软件处理思路与空调风系统设备的软件处理思路相同，如图 7-17 所示。

注
1. 风管管底标高均为H+2.80,H为本层地面标高。

2. 风机盘管安装可根据装修情况调整。送风口采用方型散流器,侧送时采用双层百叶风口;回风口采用可拆卸单层百叶风口,并设过滤网。未标注风口尺寸见下表。

3. 新风机组XF-1出卫生间隔墙处设置70℃防火阀,防火阀70℃熔断,联锁关闭新风机组。信号返回传送至消防控制中心,防火阀手动复位。

70℃防火阀可由消防控制中心电控。

风机盘管编号	送风口尺寸	回风口尺寸	备注
FP-3	350×350	350×350	
FP-4	350×350	350×350	
FP-5	350×350	350×350	

图 7-16　空调风系统通风管道平面布置图（2）

图 7-17　空调风系统管道的软件处理思路

（2）列项 + 识别：通风管道的列项与识别可同步进行，软件提供两种功能。

① 系统编号：通风管道统计展开面积可以通过"系统编号"功能完成，它可以将同一系统类型的通风管道一次性识别出来，从而快速完成展开面积的统计。具体操作步骤为：点击"系统编号"→选中需要识别的通风管道两侧边线、标识→修改构件编辑窗口信息→"确认"完成。

a. 点击"系统编号"功能：在"绘制"界面下通风空调专业中选择"系统编号"功能，如图 7-18 所示。

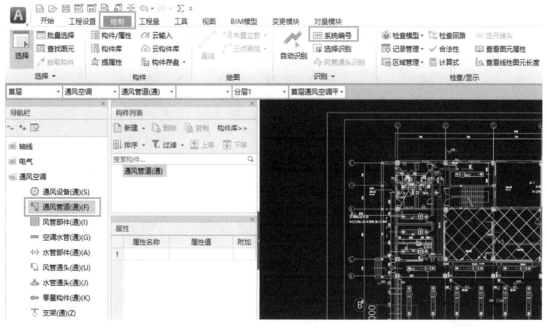

图 7-18　空调风系统通风管道的系统编号

b. 选中需要识别的通风管道两侧边线、标识：在绘图区域选中需要识别的通风管道两侧边线和标注，边线、标注选中后呈现蓝色。如图 7-19 所示。

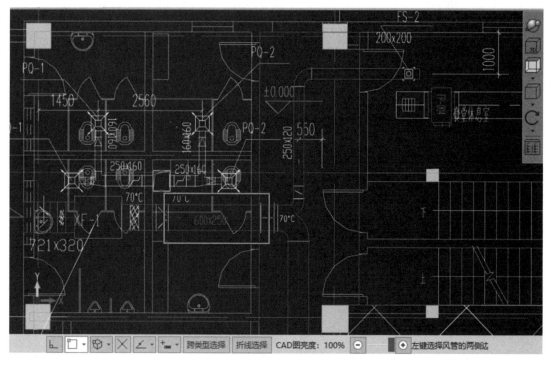

图 7-19 空调风系统通风管道 CAD 标识选中后显示蓝色

c. 修改构件编辑窗口信息：鼠标右键弹出构件编辑窗口，注意修改通风管道的系统类型、系统编号、材质、标高、保温材质、保温厚度等（图7-20）。构件编辑窗口信息输入越全面，后期出量维度越详细。

② 自动识别：通风管道的识别也可以通过"自动识别"功能完成，它可以自动识别所有风管图元并能反建构件，从而快速完成展开面积的统计。具体操作步骤为：点击"自动识别"→选中需要识别的通风管道的两侧边线、标识→"新建"修改构件编辑窗口信息→"确认"完成。

a. 点击"自动识别"：在"绘制"页签下通风空调专业中选择"自动识别"功能，如图 7-21 所示。

图 7-20 空调风系统通风管道系统编号识别属性窗口确认

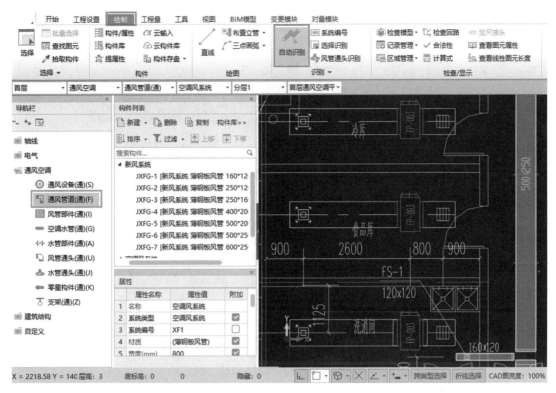

图 7-21　空调风系统通风管道自动识别

b. 选中需要识别的通风管道的两侧边线、标识：选择平面图中通风管道的两侧边线，有标识的也要选中标识。选中的管道边线或者标识呈现蓝色，如图 7-22 所示。

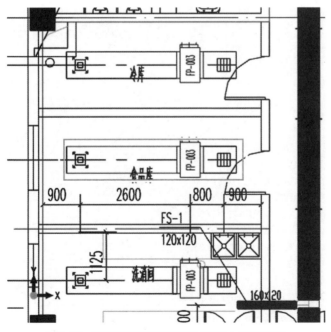

图 7-22　空调风系统通风管道自动识别选中后显示蓝色

c. "新建"修改构件编辑窗口信息：鼠标右键弹出选择要识别成的构件窗口，点击"新建"，根据图纸选择矩形风管或圆形风管，修改属性窗口中的名称、系统类型、系统编号、材质、宽度、高度、标高（图 7-23）、软接头、刷油保温信息（图 7-24）。注意图纸中风管没有标识的情况下才需要"新建"风管，如果图纸中风管有尺寸标识，软件可以自动反建构件。

图 7-23　空调风系统通风管道自动识别新建信息（1）

图 7-24　空调风系统通风管道自动识别新建信息（2）

◆ 应用小贴士：

（1）通风管道识别完成，通风管道通头处断开（图 7-25）的处理方法："风管通头识别"
或者"延伸"。

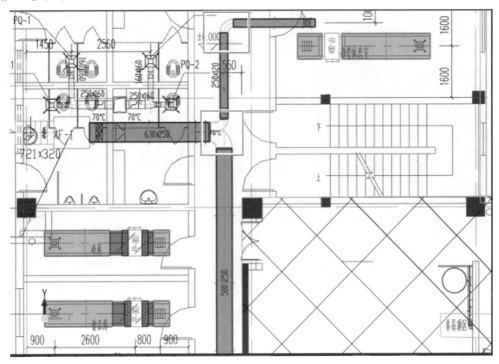

图 7-25 空调风系统通风管道无通头

①识别完风管后需要通过"风管通头识别"功能完成通头的识别，保证风管工程量的
正确计算（图 7-26），识别效果如图 7-27 所示。

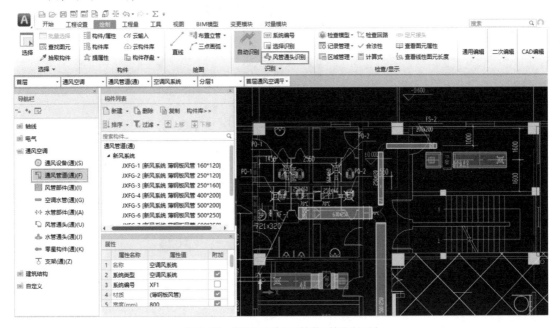

图 7-26 空调风系统通风管道风管通头识别

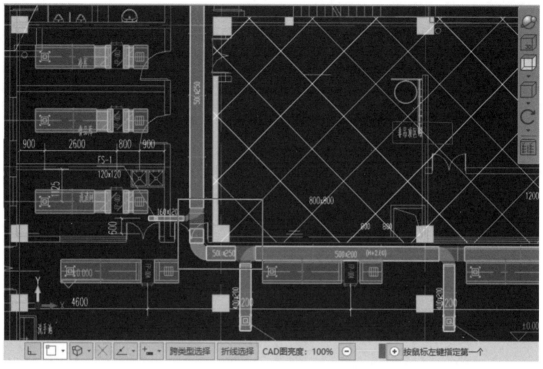

图 7-27　空调风系统通风管道风管通头识别效果

② 因图纸原因导致风管通头没有办法识别，通过选中风管后鼠标右键"延伸"功能（图 7-28），使风管相交，完成风管通头识别。

（2）识别风管时提示"请选择两条平行边和一个截面标注进行识别"（图 7-29）的处理方法：采用"风管标注合并"功能。

出现上述问题的原因是：图纸中风管标注不是整体，需要通过"风管标注合并"功能将图纸中的风管标注进行合并（图 7-30）。快速将当前楼层的风管标注进行合并，合并完成后再识别风管即可。

（3）软接头的处理方法：软件在通风设备与风管连接处会自动生成软接头。

设备与风管连接处的黄色构件即为软接头，防止设备在运转时与

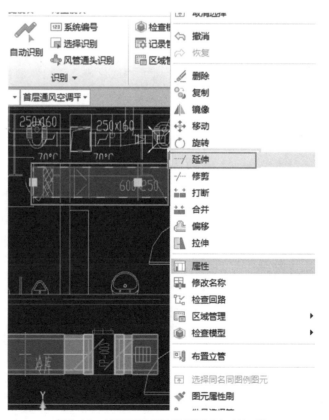

图 7-28　空调风系统通风管道风管鼠标右键延伸

风管发生摩擦，生成软接头后在计算风管长度时软件会默认扣掉 200mm 的软接头长度，此长度可以根据图纸的实际情况通过风管的私有属性调整（构件属性中黑色字体为私有属性，蓝色字体为公有属性。公有属性与私有属性的区别请参见第 4 章工程量计算—电气篇中配电箱统计章节的应用小贴士）。

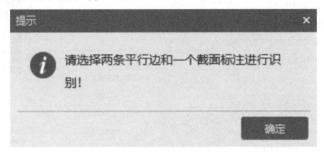

图 7-29　空调风系统通风管道识别提示

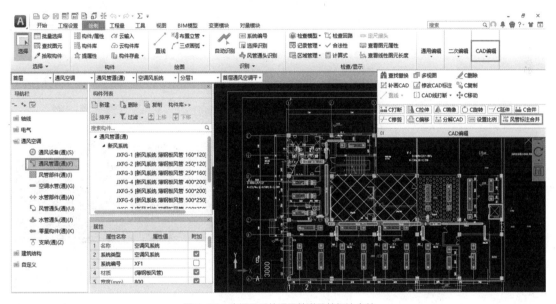

图 7-30　空调风系统通风管道风管标注合并

（4）因图纸中风管的实际线宽与标注的风管线宽误差较大（如风管实际线宽为 180mm，但是图纸标注的宽度为 200mm），导致风管无法识别的处理方法：调整 CAD 识别选项。

软件在识别风管时考虑了图纸可能存在的误差范围，误差值范围之内可以识别，误差值范围之外无法识别。软件默认为 10mm，即实际线宽与标注线宽的误差在 10mm 以内则无须调整，反之则需将此数值调大即可。一般情况下此项数值无须调整。如图 7-31 所示。

（3）检查：识别过程中可以结合"计算式"功能查看通风管道的详细计算结果，对计算结果有疑问的，可以直接双击计算式中的结果进行定位。具体操作步骤为：点击"计算式"功能→查看具体计算式及计算结果→双击定位进行具体查看，如图 7-32 所示。

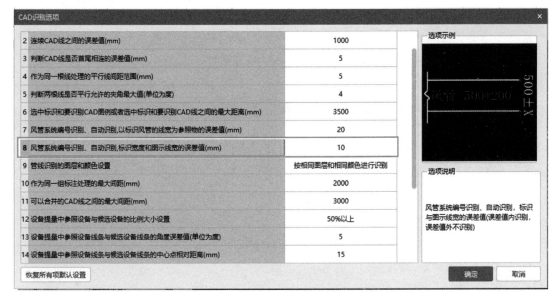

图 7-31　空调风系统通风管道 CAD 识别选项

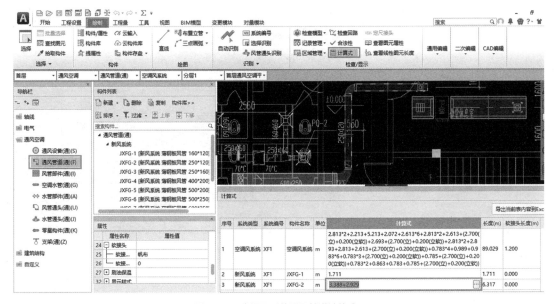

图 7-32　空调风系统通风管道计算式

（4）提量：风管识别过程中，仍然可以使用"图元查量"查看已提取的工程量。具体操作步骤为：点击"图元查量"→框选需要查量的范围→基本工程量。如图 7-33 所示。

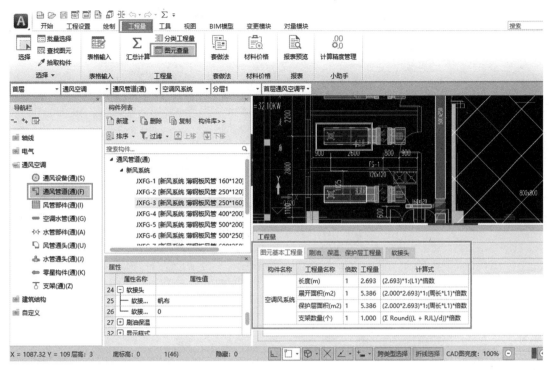

图 7-33　空调风系统通风管的图元查量

7.1.3　风管部件统计

1. 业务分析

（1）计算规则依据：从《通用安装工程工程量计算规范》GB 50856—2013 可以看出，统计工程量时需要区分不同的名称、规格、型号、类型等按设计图示数量计算，如表 7-3 所示。

空调风系统管道附件清单计算规则　　　　　　　　　　　　表 7-3

项目编码	项目名称	项目特征	计量单位	工程量计算规则	工作内容
030703001	碳钢阀门	1. 名称 2. 型号 3. 规格 4. 质量 5. 类型 6. 支架形式、材质	个	按设计图示数量计算	1. 阀体制作 2. 阀体安装 3. 支架制作、安装
030703007	碳钢风口、散流器、百叶窗	1. 名称 2. 型号 3. 规格 4. 质量 5. 类型 6. 形式	个		1. 风口制作、安装 2. 散流器制作、安装 3. 百叶窗安装

（2）分析图纸：根据图纸实际情况确定风管部件的规格型号以及安装位置，其中风口、风阀最具代表性。如图 7-34 所示。

2. 软件处理

（1）软件处理思路：空调风系统风管部件的软件处理思路与空调风系统设备的软件处

理思路相同（图7-35），风管部件属于依附构件，所以必须先识别风管再识别风管部件。

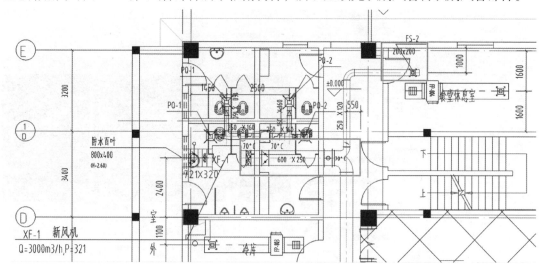

图7-34 空调风系统风管部件平面布置图

图7-35 空调风系统风管部件软件算量思路

（2）列项＋识别：风口与风阀的工程量统计，这两类构件的列项与识别可同步进行。

① 风口：软件提供"风口"功能快速进行风口工程量统计，且列项与识别同步进行。具体操作步骤为：点击"风口"功能→选择风口图例与标识→修改风口信息→"确认"完成。

a. 点击"风口"功能：在风管部件识别模块下选择"风口"功能，如图7-36所示。

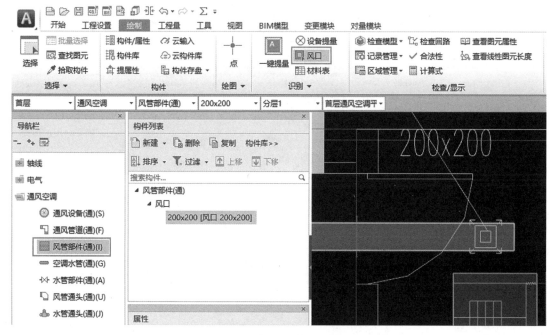

图7-36 空调风系统风口功能

b. 选择风口图例与标识：鼠标左键选择平面图中风口图例，注意同时提取风口标识。软件中图例、标识选中后呈现蓝色。

c. 修改风口信息：鼠标右键弹出选择要识别成的构件窗口，修改风口的名称、类型、规格型号、标高等。风口与风管如果存在高差，需要设置竖向风管材质。另外注意识别范围的选择，默认当前楼层当前分层中的风口均会被识别。如图 7-37 所示。

② 风阀：软件提供"设备提量"功能统计风阀工程量，列项与识别同步进行。具体操作步骤为：点击"设备提量"→选择风阀图例与标识→修改风阀信息→"确认"完成。

a. 点击"设备提量"：在风管部件构件下选择"设备提量"功能，如图 7-38 所示。

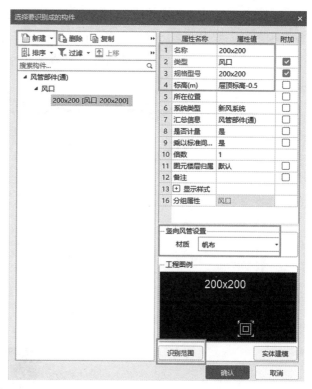

图 7-37 空调风系统风口新建功能

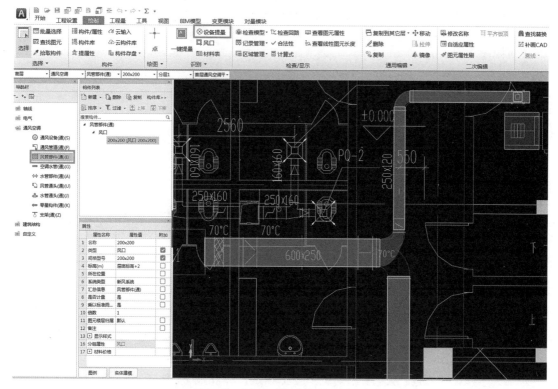

图 7-38 空调风系统风管部件设备提量

b. 选择风阀图例与标识：鼠标左键选择平面图中风阀图例，注意同时提取风阀标识。软件中图例、标识选中后呈现蓝色。

c. 修改风阀信息：鼠标右键弹出"选择要识别成的构件"，修改风阀的名称、类型等。如图 7-39 所示。

图 7-39　空调风系统风阀的新建

7.2　通风空调—水系统

空调水系统通常要计算的工程量如图 7-40 所示。

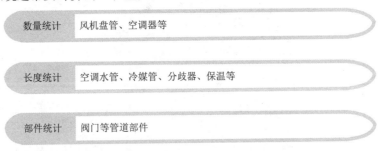

数量统计　风机盘管、空调器等

长度统计　空调水管、冷媒管、分歧器、保温等

部件统计　阀门等管道部件

图 7-40　空调水系统需要计算的工程量

7.2.1　数量统计

1. 业务分析

（1）计算规则依据：从《通用安装工程工程量计算规范》GB 50856—2013 可以看出统计工程量时需要区分不同的名称、型号、规格、安装形式等按图示数量进行统计，如表 7-4

所示。

空调水设备清单计算规则　　　　　　　　　　　表 7-4

项目编码	项目名称	项目特征	计量单位	工程量计算规则	工作内容
030701003	空调器	1.名称 2.型号 3.规格 4.安装形式 5.质量 6.隔振垫（器）、支架形式、材质	台（组）	按设计图示数量计算	1.本体安装或组装、调试 2.设备支架制作、安装 3.补刷（喷）油漆
030701004	风机盘管	1.名称 2.型号 3.规格 4.安装形式 5.减振器、支架形式、材质 6.试压要求	台		1.本体安装、调试 2.支架制作、安装 3.试压 4.补刷（喷）油漆

（2）分析图纸：空调水设备一般需要参考设计说明、施工说明和平面图。从设计说明（有些图纸会在施工设计说明中体现，具体请结合实际图纸查看）可获取设备的具体信息，包括设备编号、设备名称、型号等（图 7-41），从平面图中可以获取设备的具体位置，如图 7-42 所示。

序号	设备编号	设备名称	型号	性能参数		数量	单位	备注
1	XF-1	新风处理机组	DBFP31	风量:3000 m³/h 制冷量:16.9 kW 电量:0.55/4 kW	风压:321 Pa 制热量:32.10 kW	5	台	卫生间吊顶内安装,各空调房间新风 重量:107kg/台
2	XF-2	新风处理机组	DBFP10	风量:10000 m³/h 制冷量:113.2 kW 电量:3/4 kW	风压:180 Pa	1	台	厨房吊顶内安装,厨房补风 重量:270kg/台
3	PQ-1	喷原式排气扇	BLD-400	风量:400 m³/h 电量:60 W	风压:100 Pa	10	台	排气扇自带止回阀装置
4	PQ-2	喷原式排气扇	BLD-180	风量:180 m³/h 电量:40 W	风压:100 Pa	5	台	排气扇自带止回阀装置
5	PF-2	壁挂式排气扇		风量:400 m³/h 电量:60 W	风压:100 Pa	5	台	浴室、更衣、泵房、配电
6	PF-3	混流风机		风量:4500 m³/h 电量:0.75 W	风压:250 Pa	1	台	卫生间排风
7	FP-003	卧式暗装风机盘管		风量:440 m³/h 制热量:4700 W	制冷量:2820 W 电量:65 W	11	台	
8	FP-004	卧式暗装风机盘管		风量:590 m³/h 制热量:6260 W	制冷量:3740 W 电量:84 W	82	台	
9	FP-005	卧式暗装风机盘管		风量:720 m³/h 制热量:7500 W	制冷量:4500 W 电量:105 W	16	台	
10		VRV室内机	RCI-28FSNQ	制冷量:2.8 KW	制热量:3.3 KW	4	台	一层演播室2台,三层控制室2台
11		VRV室内机	RCI-40FSNQ	制冷量:4.3 KW	制热量:4.9KW	8	台	二层总控室4台,四层计算机室4台
12		VRV室外机	RAS-224FSN	制冷量:22.4 KW EER>3.0	制热量:25 KW	2	台	层顶
13	70℃防火阀					5	个	防火阀70℃熔断

图 7-41　空调水设备设计说明图纸信息

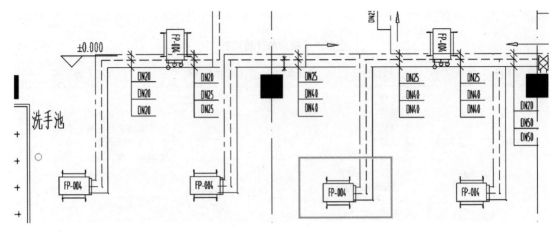

图 7-42　空调水设备平面布置图纸信息

2.软件处理

（1）软件处理思路：空调水系统设备的软件处理思路与空调风系统设备的软件处理思路相同，如图 7-43 所示。

图 7-43　软件处理思路（空调水系统）

（2）列项＋识别：通风空调水设备的列项与识别可同步进行，利用"通风设备"功能即可。空调水设备的识别与空调风设备的识别相同，具体可参考本书空调风系统 7.1.1 数量统计中的操作步骤。

◆ 应用小贴士：

空调水系统和空调风系统设备算重的处理方法：是否计量。

空调水系统中设备和空调风系统中设备一般都是在不同平面图的相同设备，如果空调风系统中空调设备和空调水系统中空调设备均已识别，就会出现算重的情况，此时可以通过"是否计量"进行解决。具体操作步骤为：选择已识别的空调水系统中空调设备→在属性列表中将"是否计量"改为"否"。

（1）选择已识别的空调水系统中空调设备：软件提供"选择"和"批量选择"两种方式。"选择"功能支持点选、框选，可以选择单个或者多个设备。被选中的图元呈现蓝色，如图 7-44 所示。

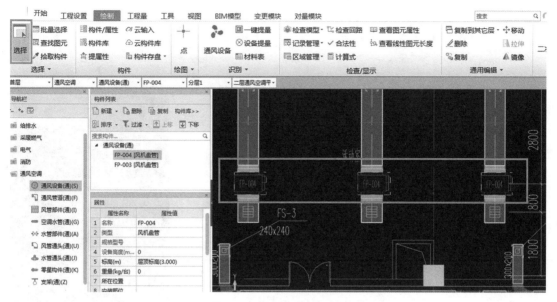

图 7-44　空调水系统设备选择

批量选择时可根据名称进行选择，一次性选择所有同名图元，如图 7-45 所示。

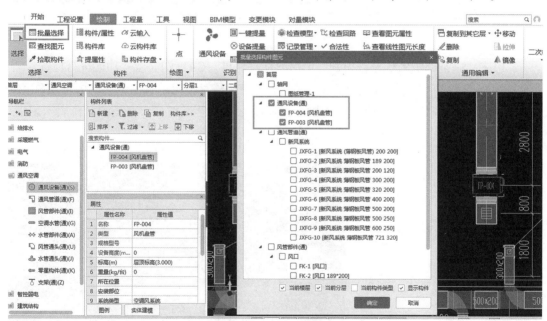

图 7-45　空调水系统设备批量选择

（2）在属性列表中将"是否计量"改为"否"：因为"是否计量"是黑色字体，属于"私有属性"，所以需要先选中图元再进行修改，如图 7-46 所示。

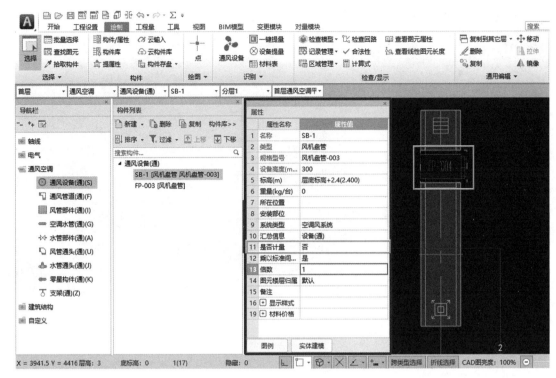

图 7-46　空调水设备属性列表是否计量

（3）检查：空调水系统设备识别完成后同样可通过"CAD 图亮度"功能进行检查。

"CAD 图亮度"原理：通过调整 CAD 底图的亮度核对图元是否已识别，快速查看图纸中的通风设备哪些已识别、哪些未识别。亮显图元代表已识别，未亮显图元代表未识别。如图 7-47 所示。

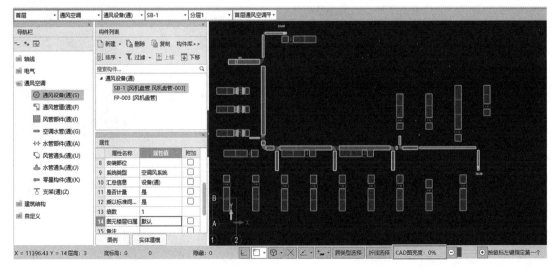

图 7-47　空调水系统通风设备 CAD 图亮度

（4）提量：数量统计完成后，可以使用"图元查量"查看已提取的工程量。具体操作步骤为：切换到通风设备下"工程量"模块→点击"图元查量"→框选需要查量的范围→

基本工程量。注意：空调风系统中相同空调设备的工程量已经统计，空调水系统中将图元属性中"是否计量"修改为"否"，则无工程量，如图7-48所示。

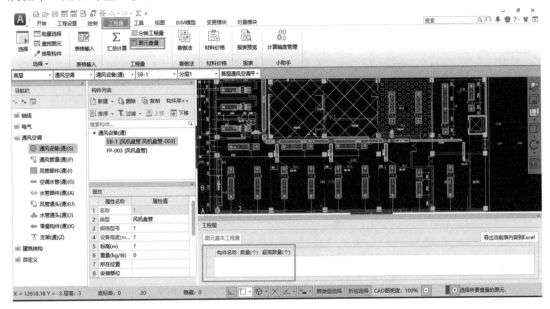

图7-48 空调水系统空调设备图元查量

7.2.2 空调水系统管道统计

1. 业务分析

（1）计算规则依据：从《通用安装工程工程量计算规范》GB 50856—2013可以看出，统计工程量时需要区分不同的安装部位、规格等按设计图示管道中心线以长度计算，如表7-5所示。

空调水系统管道清单计算规则

表7-5

项目编码	项目名称	项目特征	计量单位	工程量计算规则	工作内容
031001001	镀锌钢管	1. 安装部位 2. 介质 3. 规格、压力等级 4. 连接形式 5. 压力试验及吹、洗设计要求 6. 警示带形式	m	按设计图示管道中心线以长度计算	1. 管道安装 2. 管件制作、安装 3. 压力试验 4. 吹扫、冲洗 5. 警示带铺设
031001002	钢管				
031001003	不锈钢管				
031001004	铜管				

（2）分析图纸：通风空调水管道一般需要参考设计说明信息和平面图。从设计说明信息中可获取管道的材质、管道保温的材质和厚度、管道的连接形式（图7-49），从平面图中可以获取管道的具体位置等，如图7-50所示。

九、施工说明:

1. 管材及附件:

a. 水管:空调采暖管道均采用热镀锌钢管,管径小于等于100mm采用螺纹连接,大于100mm采用法兰连接。冷凝水管道采用热镀锌钢管,螺纹连接。

b. 风管:空调、通风风管均采用镀锌钢板制作,厚度及加工方法按《通风与空调工程施工质量验收规范》GB50243-2017的规定进行。

2. 工作压力:空调采暖系统设计工作压力为0.40MPa。

3. 试压:空调水管、采暖管道安装完毕保温之前,应进行水压试验水压试验,做法按《通风与空调工程施工及验收规范》(GB50243-2002)第9.2.3条的要求进行。

4. 保温:热力入口、管井、吊顶内及其它有冻结危险或保冷要求的冷热水管道均应做保温。

a. 水管:冷热水管道保温厚度参照DB11/687-2009附录G,保温材料采用离心玻璃棉,管径≤DN40,保温厚度35mm,DN50~DN100,保温厚度40mm;冷凝水管道做防结露保温,保温材料采用离心玻璃棉,保温厚度13mm。

b. 风管:空调风管保温材料采用玻璃棉,保温厚度25mm,具体做法见图集《91SB6-1》-P53。

5. 冲洗:应进行分段冲洗,至排水清净为合格。

6. 防腐:非镀锌钢管及附件须先将表面的铁锈、污物等清除干净后,刷防锈漆两道,明装管道再刷银粉漆两道,镀锌钢管表面缺损处刷防锈漆一道,银粉漆两道。

7. 风机盘管安装详见图集《91SB6-1》-P162。

8. 冷凝水盘的泄水支管沿水流方向坡度为0.01,冷凝水干管坡度为0.005。空调及采暖干管坡度为0.003。

图 7-49   空调水系统管道设计说明信息

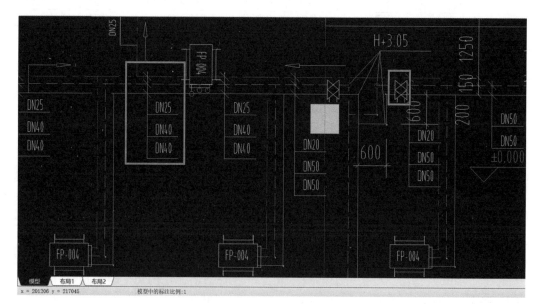

图 7-50   空调水系统管道平面图信息

2. 软件处理

（1）软件处理思路：空调水系统管道的软件处理思路与空调风系统设备的软件处理思路相同，如图 7-51 所示。

图 7-51　空调水系统管道的软件处理思路

（2）列项：空调水系统管道的列项可以采用"新建"功能，具体操作步骤为：点击"通风空调"→"新建"→修改属性信息。

①点击"通风空调"：注意切换到通风空调专业，选择空调水管。

②"新建"：在构件列表中点击"新建"，选择构件类型为"水管"。

③修改属性信息：注意修改属性中的名称、系统类型、系统编号、材质、管径、标高以及刷油保温等，如图 7-52 所示。

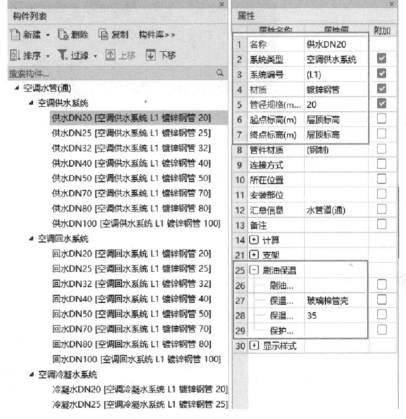

图 7-52　空调水系统管道的列项

（3）识别：空调水管道可以采用绘制的方式完成模型建立，软件提供"直线"与"多管绘制"两种功能，可以结合图纸实际情况选择使用。

① 直线绘制。"直线"绘制具体操作步骤为：点击"直线"→输入安装高度→在 CAD 底图描图。

a. 点击"直线"：构件列表选择需要绘制的管道，点击"直线"功能。

b. 输入安装高度：根据图纸信息在绘制的过程中及时进行构件名称切换与管道标高的修改。

c. 在 CAD 底图描图：按照 CAD 底图描图即可完成空调水管的绘制。如图 7-53 所示。

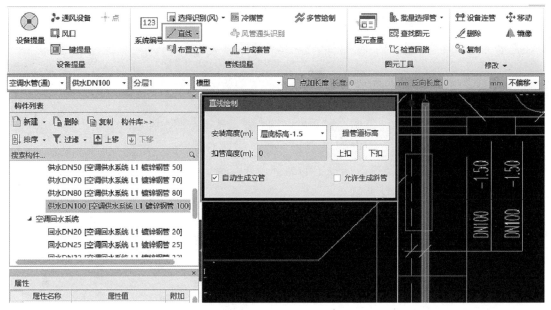

图 7-53　空调水系统管道的直线绘制

　　② 多管绘制。工程中如果出现多根平行管道，可以采用"多管绘制"功能进行同时绘制，提高绘图效率。具体操作步骤为：点击"多管绘制"→在多管设置中依次添加构件名称→绘制水管。

　　a. 点击"多管绘制"：注意切换到空调水管构件下点击"多管绘制"功能，如图 7-54 所示。

图 7-54　空调水系统管道多管绘制

　　b. 在多管设置中依次添加构件名称：在弹出的多管设置窗口，按照图纸顺序依次添加构件，注意修改构件标高以及水平间距，如图 7-55 所示。

c.绘制水管：点击"绘制"，即可完成多根管道的同时绘制。

◆ 应用小贴士：

（1）多联机系统冷媒管的统计方法：采用"冷媒管"功能进行识别。

空调水系统中冷媒管的工程量统计比较特殊，需要区分液侧管与气侧管，除此之外还需要统计分歧器的工程量，软件提供"冷媒管"功能快速进行工程量提取。具体操作步骤为：点击"冷媒管"→选择管径、标识、分歧器→完善管道构件信息→"确认"完成。

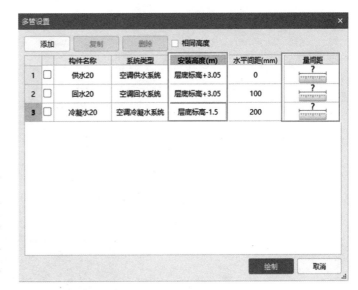

图 7-55 多管设置

①点击"冷媒管"：注意切换到空调水管构件，点击"冷媒管"功能，如图 7-56 所示。

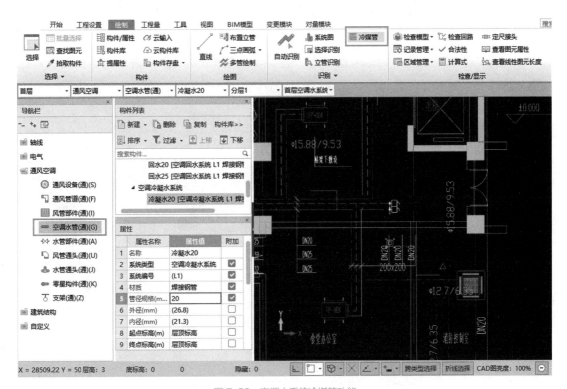

图 7-56 空调水系统冷媒管功能

②选择管径、标识、分歧器：鼠标左键选择 CAD 图上冷媒管线、标识、分歧器，选中其中一段冷媒管 CAD 线，通过分歧器软件自动判断相连。选中的冷媒管线、标识、分歧器会呈现蓝色，如图 7-57 所示。

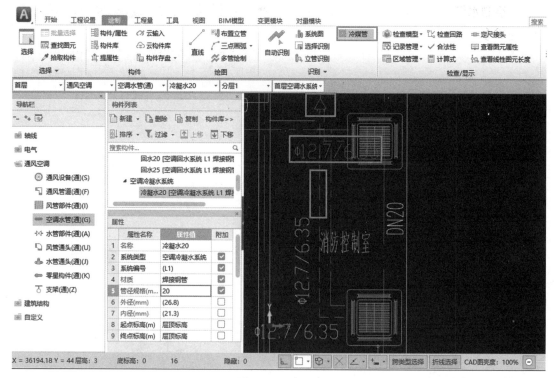

图 7-57 选中的冷媒管标识图

③完善管道构件信息：鼠标右键弹出管道构件信息确认窗口，需要确定系统类型以及材质。为了保证准确性，建议识别前先进行路径反查，之后匹配构件，完善管道构件信息，"确定"即可识别完成。如图 7-58 所示。

④检查提量：空调水系统中管道的检查提量与空调风系统管道的检查提量功能相同，均可采用"计算式"与"图元查量"功能，具体步骤请参考本书 7.1.2 中空调风系统长度统计中的检查与提量，此处不再赘述。

（2）空调水系统中跨层竖向立管的处理方法：采用"布置立管"功能。

具体操作步骤为：点击"布置立管"→标高录入→点画到平面图立管位置。

①点击"布置立管"：注意切换到空调水管构件下点击"布置立管"功能，如图 7-59 所示。

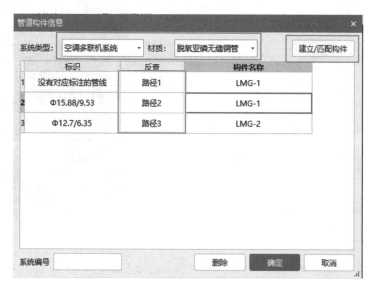

图 7-58 冷媒管道构件信息确认窗口

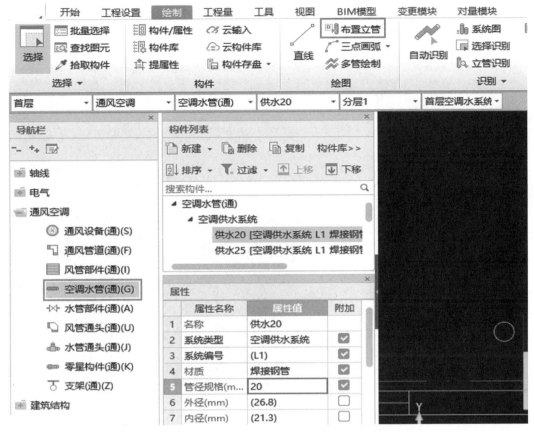

图 7-59 空调水管道的布置立管功能图

②标高录入：在立管标高设置对话框中，对应图纸录入立管的起点标高、终点标高；起点标高一般是指管底部的标高，终点标高为立管顶部的标高。如图 7-60 所示。

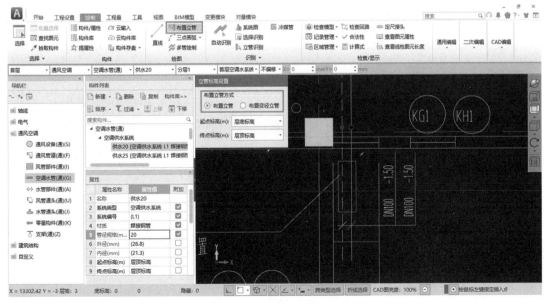

图 7-60 空调水系统布置立管方式

在调整立管标高时，建议通过相对标高的方式输入（如层底标高 +0.2 或者层顶标高 –0.1）。如图 7-61 所示。

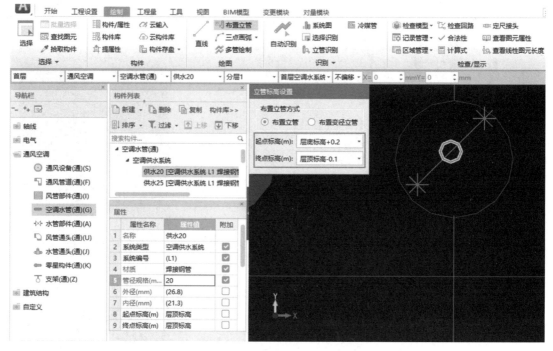

图 7-61　空调水系统布置立管标高调整

③点画到平面图立管位置：鼠标左键点击平面图立管位置，点画，立管即绘制完成。

7.2.3　空调水管道附件统计

空调水系统中管道附件处理思路同空调风系统管道附件的处理思路

1. 业务分析

（1）计算规则依据：从《通用安装工程工程量计算规范》GB 50856-2013 可以看出，空调水管道附件统计工程量时需要区分不同的规格、类型等按设计图示数量计算，如表 7-6 所示。

空调水系统水管部件清单计算规则　　　　　　　　　　　　　　表 7-6

项目编码	项目名称	项目特征	计量单位	工程量计算规则	工作内容
031003001	螺纹阀门	1. 类型 2. 材质 3. 规格、压力等级 4. 连接形式 5. 焊接方法	个	按设计图示数量计算	1. 安装 2. 电气接线 3. 调试

（2）分析图纸：根据图纸实际情况确定水管部件的规格型号以及安装位置，本节以阀门为例讲解。如图 7-62 所示。

2. 软件处理

（1）软件处理思路：空调水系统管道附件的软件处理思路与空调风系统设备的软件处

理思路相同，水管部件也属于依附构件，同样要先识别水管再识别水管部件，如图 7-63 所示。

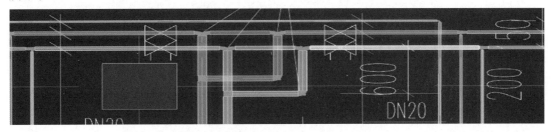

图 7-62　空调水系统风管附件平面布置图

图 7-63　空调水系统水管附件软件处理思路

（2）列项＋识别：水管阀门的列项与识别可同步进行，同样可采用"设备提量"功能。具体操作步骤为："设备提量"→选中水管阀门图例→选择要识别成的构件→"确认"完成。

①"设备提量"：注意切换到"水管部件"构件下点击"设备提量"功能，如图 7-64 所示。

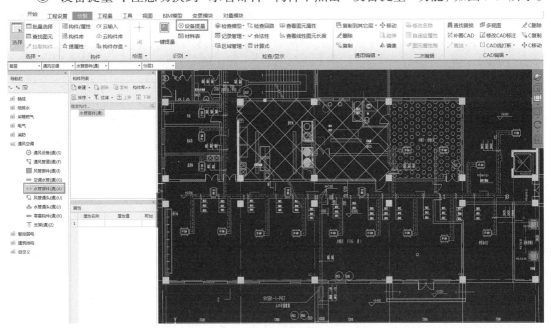

图 7-64　空调水系统设备提量

②选中水管阀门图例：鼠标左键选择平面图中水管阀门图例，选中后图例呈现蓝色。

③选择要识别成的构件：鼠标右键弹出选择要识别成的构件，新建水管部件，修改部件名称、类型、材质，如图 7-65 所示。

阀门也可以采用"点"画的方式在管道上进行绘制，点画之后采用"自适用属性"功能自动匹配规格型号。具体操作步骤请参考第 5 章工程量计算—给水排水篇中户内支管统计中的管道附件部分。

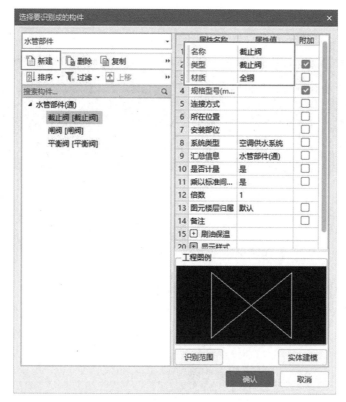

图 7-65   空调水系统阀门识别

第8章 报表提量

本章主要讲解工程绘制完成后软件的出量提量方法。

8.1 汇总计算

通过"汇总计算"功能完成工程量的统计。工程绘制过程中一般采用"图元查量"功能进行工程量的查看，因为此功能可以实时查量，无须汇总计算。但是模型建立完成，最终需要整理出结果文件，就需要进行"汇总计算"。具体操作步骤为：切换到"工程量"页签→点击"汇总计算"功能。如图 8-1 所示。

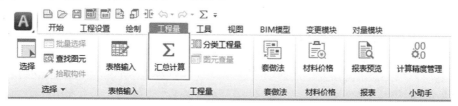

图 8-1 汇总计算

汇总计算时，需要选择对应楼层进行工程量汇总。如需查看全部楼层的工程量，在进行汇总计算时，注意选取全部楼层；如只需查看某一层或某几层的工程量可勾选需要的楼层，最后点击"计算"即可。如图 8-2 所示。

8.2 分类工程量

"分类工程量"可按照一定的分类条件进行工程量的查看。此功能需要在"汇总计算"之后使用。具体操作步骤为：切换至"工程量"页签下→点击"分类工程量"功能。如图 8-3 所示。

图 8-2 选择楼层

图 8-3 分类工程量

　　具体的出量维度可以根据实际工程需要自行设置，采用"设置分类及工程量"功能即可。具体操作步骤为：点击"分类工程量"→选择"构件类型"→ 点击"设置分类及工程量"→"确定"完成→导出 Excel 出量。

　　（1）点击"分类工程量"→选择"构件类型"：点击"分类工程量"后，可以选择要查看的构件类型（图 8-4）。同时也可以选择要查看的构件范围，如查看哪些构件，查看哪些楼层，采用"设置构件范围"即可实现。如图 8-5 所示。

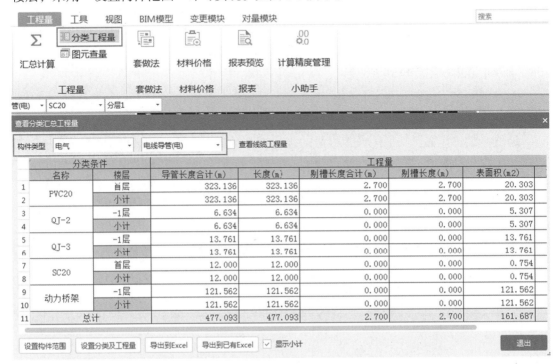

图 8-4　选择构件类型

图 8-5　设置构件范围

（2）点击"设置分类及工程量"：点击"设置分类及工程量"后可以选择"分类条件"，需要哪些出量维度就勾选哪些分类条件。同理，不需要的分类条件直接不勾选即可。如工程需要按配电箱提取电线导管的工程量，此时只要勾选"配电箱信息"这项分类条件即可（图 8-6）。同时软件提供了"上移""下移"的功能，用来调整该分类条件的显示位置，如图 8-6 所示。

图 8-6　选择分类条件

| 分类条件 | | | 工程量 | | | |
配电箱信息	名称	楼层	导管长度合计(m)	长度(m)	剔槽长度合计(m)	剔槽长度(m)
AL1	PVC20	首层	48.758	48.758	0.000	0.000
		小计	48.758	48.758	0.000	0.000
	小计		48.758	48.758	0.000	0.000
ALE1	SC20	首层	12.000	12.000	0.000	0.000
		小计	12.000	12.000	0.000	0.000
	小计		12.000	12.000	0.000	0.000
HXB1	PVC20	首层	144.094	144.094	0.000	0.000
		小计	144.094	144.094	0.000	0.000
	小计		144.094	144.094	0.000	0.000
HXB1`	PVC20	首层	130.284	130.284	2.700	2.700
		小计	130.284	130.284	2.700	2.700

图 8-7　设置分类条件结果显示导出到 Excel

（3）导出 Excel 出量：设置完成后可以直接将结果导出到 Excel 文件。采用"导出到 Excel"或"导出到已有 Excel"即可。如图 8-7 所示。

8.3　报表预览

8.3.1　报表预览

工程量汇总计算后，可通过"报表预览"功能查看全部工程量。具体操作步骤为：点击"工程量"页签→点击"报表预览"功能→选择需要查看的报表。如图 8-8 所示。

图8-8　报表预览（1）

8.3.2　报表反查

报表界面除了可以直接查看工程量，还能通过"报表反查"功能进行工程量的反查定位，具体操作步骤为：点击"报表反查"→点击需要核查的工程量→双击定位。

（1）点击"报表反查"：在"报表预览"界面点击"报表反查"功能。如图8-9所示。

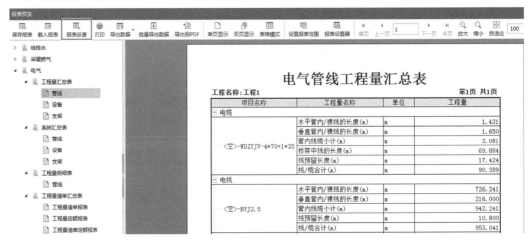

图8-9　报表预览（2）

（2）点击需要核查的工程量：直接点击有疑问的工程量，可以直接显示具体计算过程，如图8-10所示。

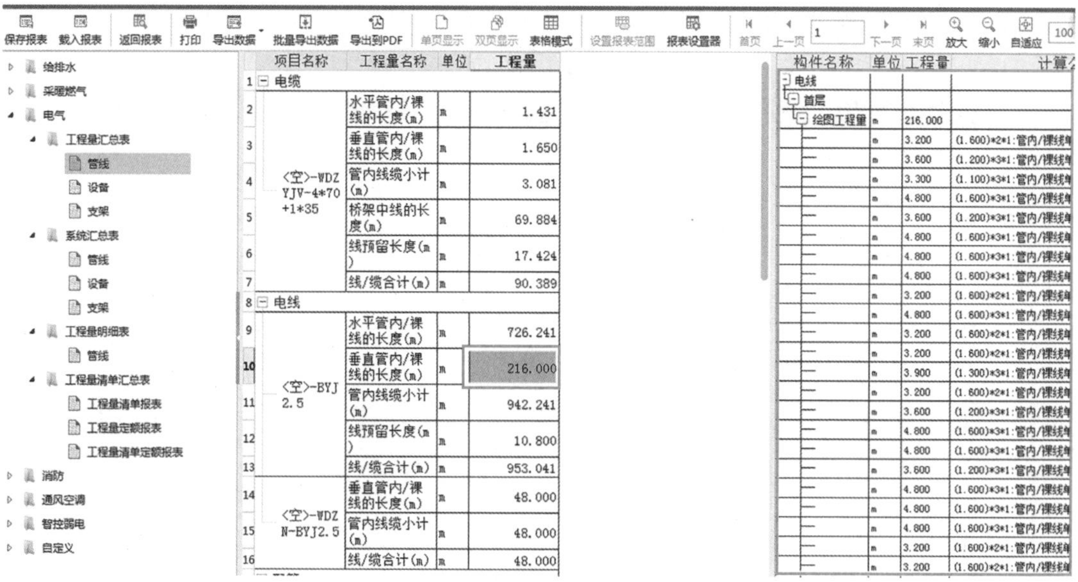

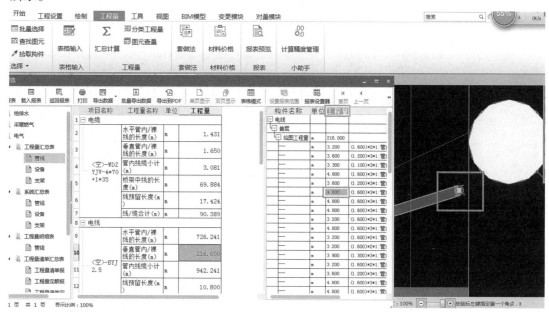

图 8-10　显示计算过程

（3）双击定位：双击"工程量"列的数据定位到绘图界面进行查看、修改。如图 8-11 所示。

图 8-11　定位检查

8.3.3　报表设置器

软件内置了各类工程量的常用报表形式，由于实际工程出量需要不尽相同，所以报表中也能根据需求进行报表的设置。采用的功能为"报表设置器"，具体操作步骤为：点击"报表设置器"→选择"分类条件"→选择"属性级别"→"确认"完成。

（1）点击"报表设置器"：进入"报表预览"界面后即可选择"报表设置器"功能。

（2）选择"分类条件"：报表中想要显示哪项"分类条件"就点击选中哪项。如想要按楼层区分不同的工程量，只需选中分类条件中的 "楼层" 即可。如图 8-12 所示。

图 8-12　报表设置器

（3）选择 "属性级别"：即选择 "分类条件" 在报表中的显示位置。具体操作步骤为：选中属性级别→点击 "移入"（图 8-13、图 8-14）→通过 "上移" "下移" 可再次调整位置（图 8-15）。调整完成后报表样式如图 8-16 所示。

图 8-13　移入分类条件——移入前

图 8-14 移入分类条件——移入后

图 8-15 调整位置

电气管线工程量汇总表

工程名称:工程1 　　　　　　　　　　　　　　　　　　　　　　　第1页 共1页

项目名称	工程量名称	单位	工程量
-1层-电缆			
〈空〉-WDZYJV-4*70+1*35	水平管内/裸线的长度(m)	m	1.431
	垂直管内/裸线的长度(m)	m	1.650
	管内线缆小计(m)	m	3.081
	桥架中线的长度(m)	m	69.884
	线预留长度(m)	m	17.424
	线/缆合计(m)	m	90.389
-1层-配管			
硬质聚氯乙烯管-20	长度(m)	m	3.069
	导管长度合计(m)	m	3.069
	表面积(m2)	m2	0.193
-1层-桥架			
钢制桥架-300*100	长度(m)	m	6.634
	导管长度合计(m)	m	6.634
	表面积(m2)	m2	5.307
钢制桥架-300*200	长度(m)	m	135.323
	导管长度合计(m)	m	135.323
	表面积(m2)	m2	135.323
首层-电线			
	水平管内/裸线的长度(m)	m	726.241
	垂直管内/裸线的长度(m)	m	216.000

图 8-16　报表设置完成

8.3.4　导出结果文件

工程绘制完成后，最终要形成结果文件。软件中可以直接将工程量导出，目前可导出的格式有 Excel 格式和 PDF 格式。

1. 导出 Excel 数据文件

软件可以直接导出 Excel 格式的报表，采用的功能是"导出数据"或者"批量导出数据"。

（1）导出数据："导出数据"导出的是当前查看的报表，一次导出一张，点击"导出到 Excel 文件"即可。具体操作步骤为：打开想要导出的报表→点击"导出数据"→点击"导出到 Excel 文件"→选择存储路径→修改文件名称→"保存"即可。如图 8-17 所示。

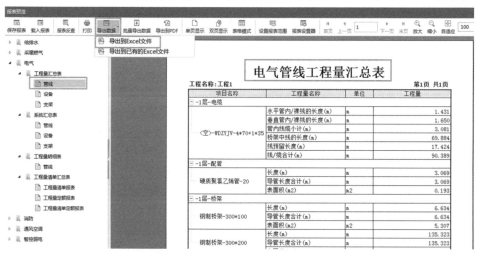

图 8-17　导出到 Excel 文件

（2）批量导出数据："批量导出数据"是指一次性导出多张报表，可以选择想要导出的报表。如图 8-18 所示。

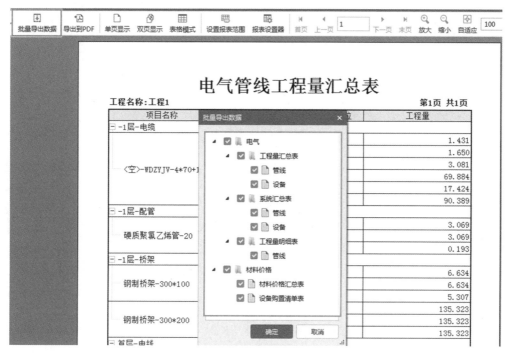

图 8-18　批量导出数据

2. 导出 PDF 文件

除了 Excel 格式，软件也能导出 PDF 格式的报表，采用"导出到 PDF"功能即可。如图 8-19 所示。

图 8-19　导出到 PDF

第 *4* 篇

精通系列

　　精通系列适用于已经会用软件做工程，但遇到特殊复杂构件无处理思路的用户；此阶段内容以非标准专业处理流程为主线，结合实际案例工程，帮助用户深入了解软件算量原理及流程，达到举一反三、产品应用融会贯通的效果。

本篇以专题的形式进行讲解，涉及"防雷接地专题"和"计算设置专题"。防雷接地专题主要涉及防雷接地的业务分析及软件处理。计算设置专题中会讲解实际工程中需要注意或者需要调整的相关计算设置项及软件原理。希望通过专题的形式帮助大家深入地掌握软件，真正地精通软件。

其实想要举一反三地应用软件，只要掌握各类构件、各类问题的思考路径及思路即可。如图2所示。

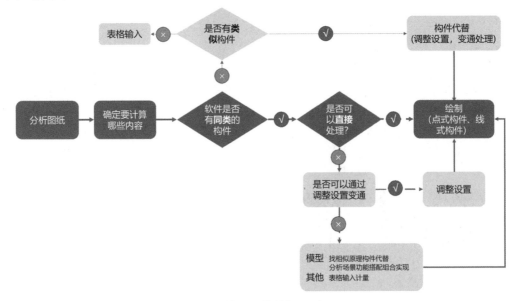

图2　精通系列构件处理思路

第9章　防雷接地专题

防雷接地系统是指通过组成拦截、疏导最后泄放入地的一体化系统，主要分成防雷和接地两个部分。本章按照外部防雷和内部防雷两部分分别进行讲解。

9.1　业务分析

9.1.1　需要计算的工程量

1. 外部防雷

直击雷的防护。由上向下主要计算：

①接闪器：避雷针、避雷带（设置在屋顶，防直击雷）；

②引下线；

③均压环：高层建筑中防侧击雷；

④外墙钢铝窗和楼梯栏杆接地；

⑤防雷测试箱；

⑥接地母线；

⑦接地极。

2. 内部防雷

在受到雷电袭击（直击、感应或线路引入）时，保证用电设备的正常工作和人身安全而采取的一种用电措施。此部分主要计算：

①总等电位端子箱 (变、配电室)；

②局部等电位箱 (卫生间)；

③接地跨接线 (管道、桥架穿越伸缩缝等地)；

④浪涌保护器 -SPD(一般随配电箱成套配置)；

⑤等电位连接线 (扁钢、BVR 导线等)。

9.1.2　分析图纸

防雷接地的图纸一定要结合设计说明与平面图的文字说明进行查看，对应关系如图 9-1 所示。

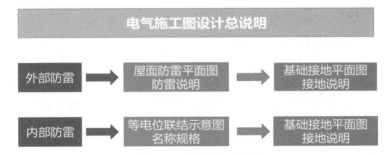

图 9-1　防雷接地图纸对应关系

9.1.3　计算规则依据

从《通用安装工程工程量计算规范》GB 50856—2013 可以看出，统计工程量时主要是区分不同的名称、规格等按数量或者长度进行统计，如表 9-1、表 9-2 所示。

清单计算规则（防雷接地）　　　　　　　　　　　　　　　表 9-1

项目编码	项目名称	项目特征	计量单位	工程量计算规则	工作内容
030409001	接地极	1. 名称 2. 材质 3. 规格 4. 土质 5. 基础接地形式	根（块）	按设计图示数量计算	1. 接地极（板、桩）制作、安装 2. 基础接地网安装 3. 补刷（喷油漆）
030409002	接地母线	1. 名称 2. 材质 3. 规格 4. 安装部位 5. 安装形式	m	按设计图示尺寸以长度计算（含附加长度）	1. 接地母线制作、安装 2. 补刷（喷油漆）

续表

项目编码	项目名称	项目特征	计量单位	工程量计算规则	工作内容
030409003	避雷引下线	1. 名称 2. 材质 3. 规格 4. 安装部位 5. 安装形式 6. 断接卡子、箱材质、规格	m	按设计图示尺寸以长度计算（含附加长度）	1. 避雷引下线制作、安装 2. 断接卡子、箱制作、安装 3. 利用主钢筋焊接 4. 补刷（喷）油漆
030409004	均压环	1. 名称 2. 材质 3. 规格 4. 安装形式			1. 均压环敷设 2. 钢铝窗接地 3. 柱主筋与圈梁焊接 4. 利用圈梁钢筋焊接 5. 补刷（喷）油漆
030409005	避雷网	1. 名称 2. 材质 3. 规格 4. 安装形式 5. 混凝土块标号			1. 避雷网制作、安装 2. 跨接 3. 混凝土块制作 4. 补刷（喷）油漆
030409006	避雷针	1. 名称 2. 材质 3. 规格 4. 安装形式、高度	根	按设计图示数量计算	1. 避雷针制作、安装 2. 跨接 3. 补刷（喷）油漆
030409008	等电位端子箱、测试板	1. 名称 2. 材质 3. 规格	台（块）	按设计图示数量计算	本体安装

清单计算规则（接地母线、引下线、避雷网附加长度）　　　表 9-2

项目	附加长度	说明
接地母线、引下线、避雷网附加长度	3.9%	按接地母线、引下线、避雷网全长计算

9.2　软件处理

　　针对防雷接地工程量统计时涉及的列项问题，软件专门内置了"防雷接地"功能。点击该功能后，它会按照 2013 清单的要求自动反建构件，大家根据自身的算量需求选择相应构件，结合相关的功能去识别或绘制图元即可，如图 9-2 所示。

	构件类型	构件名称	材质	规格型号	起点标高(m)	终点标高(m)
1	避雷针	避雷针	热镀锌钢管		层底标高	
2	避雷网	避雷网	圆钢	12	层底标高	层底标高
3	避雷网	屋面垫层内敷设	扁钢	40*4	45	45
4	避雷网支架	支架	圆钢	12		
5	避雷引下线	避雷引下线	扁钢	40*4	层底标高	层底标高
6	均压环	均压环	圆钢	16	层底标高	层底标高
7	接地母线	接地母线	扁钢	40*4	-9.8	-9.8
8	接地母线	预埋接地母线	圆钢	16	-0.8	-0.8
9	接地极	接地模块	镀锌角钢		层底标高	
10	筏基接地	筏板基础接地	圆钢		层底标高	
11	等电位端子箱	总等电位端子箱	铜排	160*75*45	层底标高+0.3	
12	等电位端子箱	局部等电位端子箱	铜排	160*75*45	层底标高+0.3	
13	辅助设施	接地跨接线	圆钢		层底标高	

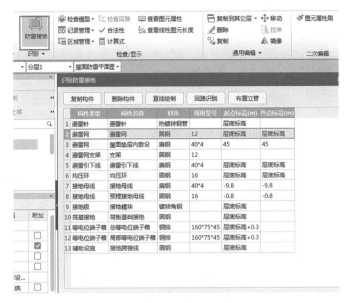

图 9-2 防雷接地

9.2.1 接闪器部分工程量统计

接闪器是直接或间接接受雷电的金属杆，主要包括：避雷针、避雷带（网）、架空地线及避雷器等。

1. 避雷针

避雷针是接收雷电的装置，由钢管或圆钢制成，计算时需要注意安装的形式和高度。

避雷针的统计可采用“点绘”或者“图例识别”功能，由于前期已经通过“防雷接地”功能统一定义了构件，所以此处直接选中该构件，即可出现对应的识别功能。具体操作步骤为：选中“避雷针”构件行→选择对应功能→点绘 / 图例识别。如图 9-3 所示。

	构件类型	构件名称	材质	规格型号	起点标高(m)	终点标高(m)
1	避雷针	避雷针	热镀锌钢管		层底标高	
2	避雷网	避雷网	圆钢	10	层底标高	层底标高
3	避雷网支架	支架	圆钢			
4	避雷引下线	避雷引下线	扁钢	40*4	层底标高	层底标高
5	均压环	均压环	扁钢	40*4	层底标高	层底标高
6	接地母线	接地母线	扁钢	40*4	层底标高	层底标高

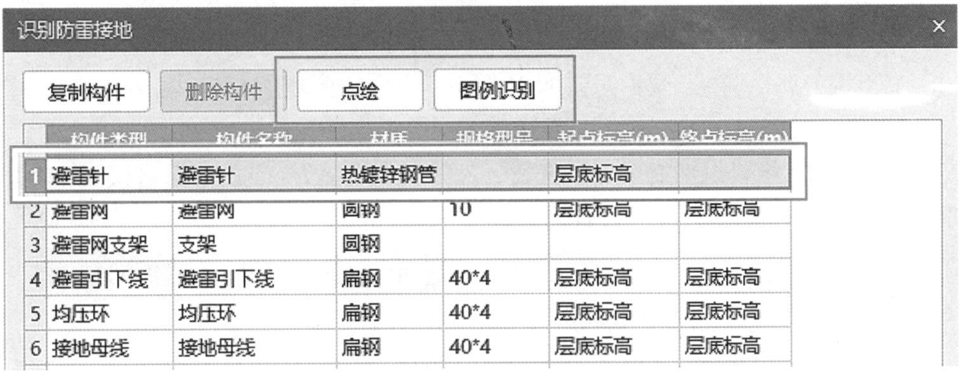

图 9-3 避雷针统计

（1）避雷针的属性调整：选中避雷针构件行，根据相应图纸说明中的要求定义避雷针的名称、材质及安装高度。如果有多种避雷针类型，可采用“复制构件”功能进行复制后，再修改对应属性即可，方便后期区分出量。

（2）“点绘”即通过鼠标逐个进行绘制。“图例识别”具体操作与“设备提量”类似，可参考前面章节的具体步骤，此处不再赘述。

识别完成后，软件中避雷针的工程量呈现如图 9-4 所示。

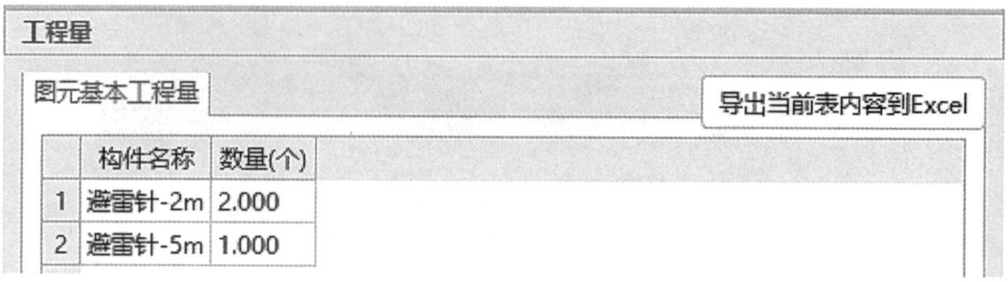

图 9-4　避雷针工程量

2. 避雷网

避雷网置于建筑物顶部，一般采用圆钢，需要注意安装形式，如沿支架敷设、沿混凝土块敷设，需要注意区分不同的方式进行工程量的统计。一般平面图中会把不同部位避雷网的安装方式用标注的形式进行区分说明，算量时也要注意区分。如图 9-5 所示。

图 9-5　避雷网说明

避雷网的统计可采用"直线绘制""回路识别"等功能，如图 9-6 所示。具体操作步骤为：选中"避雷网"构件行 →选择对应功能 → "直线绘制" / "回路识别"。

（1）避雷网的属性调整：选中避雷网构件行，根据图纸调整材质、规格、标高等信息。

（2）直线绘制：按照 CAD 图进行描图绘制。

（3）回路识别：批量识别避雷网的方式。具体操作步骤为：点击"回路识别"功能→选中代表避雷网的 CAD 线→鼠标右键确认。

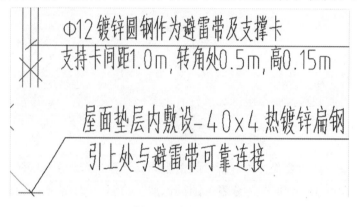

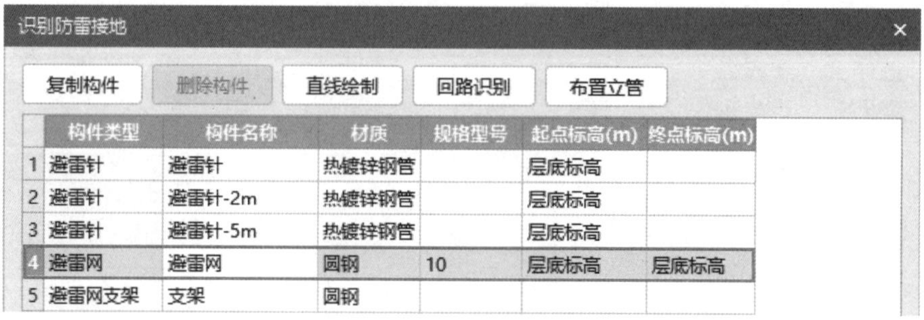

图 9-6　避雷网识别对应功能

回路识别注意事项：实际工程中会遇到高度连续变化的情况，如不同位置女儿墙高度不同，则需按照建筑结构图分别调整避雷网的标高。软件会根据相应高度差自动生成立管。具体操作步骤为：选中要修改标高的避雷网图元→调整属性窗口中的标高值。如图 9-7、图 9-8 所示。

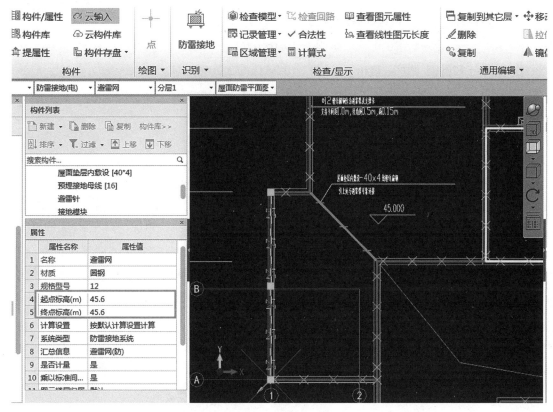

图 9-7　修改避雷网标高

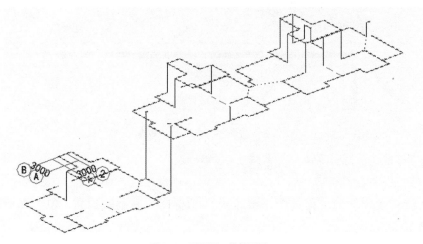

图 9-8　避雷网三维效果图

◆　应用小贴士：

（1）关于附加长度的计算：避雷网在统计工程量时会自动按照计算规则计算附加长度。计算公式为：避雷网全长＋避雷网全长 ×3.9%＝避雷网全长 ×1.039。如图 9-9 所示。

工程量

图元基本工程量　　导出当前表内容到Excel

构件名称	工程量名称	工程量	计算式
避雷网-ϕ12圆钢	长度(m)	6.190	(6.189):(L)
	附加长度(m)	0.241	(0.241):(L*3.90%)
	总长度(m)	6.431	(6.431):(L+L*3.90%)

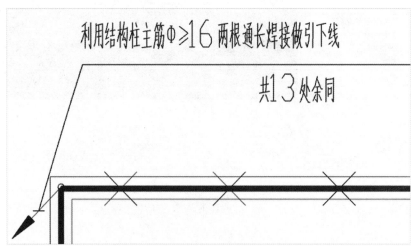

图 9-9　附加长度计算

（2）坡屋面的避雷网绘制：遇到坡屋面时可先识别绘制好，然后选中坡上的避雷网调整相应起点标高与终点标高，即可实现坡屋面上避雷网的绘制。

9.2.2　避雷引下线工程量统计

1. 避雷引下线

避雷引下线是将雷电流从接闪器传导至接地装置的导体。从避雷针或屋顶避雷网向下沿建筑物、构筑物和金属构件引下的导线，一般采用扁钢或圆钢作为引下线。目前图纸中通常利用柱主筋做引下线与基础钢筋网焊接形成一个大的接地网，如图 9-10 所示。

图 9-10　引下线图纸说明

注意：利用柱筋做引下线的，需描述柱筋焊接根数。

2. 避雷引下线统计

2013 清单规则下的工程量计算 =(女儿墙顶标高 ~ 基础底标高（包含筏板基础高度）×(1+3.9%)。

避雷引下线的统计可采用“布置立管”“识别引下线”等功能。

（1）布置立管：逐根布置引下线。具体操作步骤为：选中“避雷引下线”构件行→点击“布置立管”功能→调整起点与终点标高→在图纸对应位置点击绘制。如图 9-11、图 9-12 所示。

识别防雷接地

	复制构件	删除构件	布置立管	识别引下线			
	构件类型	构件名称	材质	规格型号	起点标高(m)	终点标高(m)
1	避雷针	避雷针	热镀锌钢管		层底标高	
2	避雷网	避雷网	圆钢	12	层底标高	层底标高
3	避雷网	屋面垫层内敷设	扁钢	40*4	45	45
4	避雷网支架	支架	圆钢	12		
5	避雷引下线	避雷引下线	扁钢	40*4	层底标高	层底标高
6	均压环	均压环	圆钢	16	层底标高	层底标高
7	接地母线	接地母线	扁钢	40*4	-9.8	-9.8
8	接地母线	预埋接地母线	圆钢	16	-0.8	-0.8
9	接地极	接地模块	镀锌角钢		层底标高	
10	筏基接地	筏板基础接地	圆钢		层底标高	
11	等电位端子箱	总等电位端子箱	铜排	160*75*45	层底标高+0.3	
12	等电位端子箱	局部等电位端子箱	铜排	160*75*45	层底标高+0.3	
13	辅助设施	接地跨接线	圆钢		层底标高	

图 9-11　布置立管

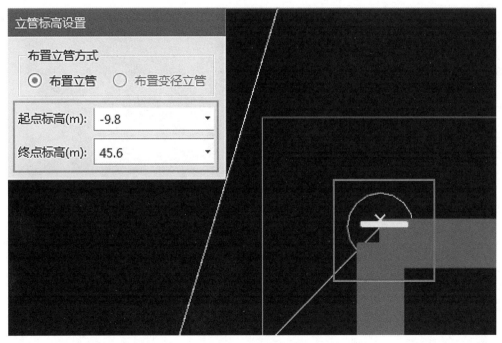

图 9-12　修改立管标高

（2）识别引下线：批量绘制引下线的功能（图 9-13、图 9-14）。需注意识别完成后要按照避雷网高度调整引下线的顶标高（属性窗口调整即可），保证可靠焊接。

识别防雷接地

复制构件 | 删除构件 | 布置立管 | 识别引下线

	构件类型	构件名称	材质	规格型号	起点标高(m)	终点标高(m)
1	避雷针	避雷针	热镀锌钢管		层底标高	
2	避雷网	避雷网	圆钢	12	层底标高	层底标高
3	避雷网	屋面垫层内敷设	扁钢	40*4	45	45
4	避雷网支架	支架	圆钢	12		
5	避雷引下线	避雷引下线	扁钢	40*4	层底标高	层底标高
6	均压环	均压环	圆钢	16	层底标高	层底标高
7	接地母线	接地母线	扁钢	40*4	-9.8	-9.8
8	接地母线	预埋接地母线	圆钢	16	-0.8	-0.8
9	接地极	接地模块	镀锌角钢		层底标高	
10	筏基接地	筏板基础接地	圆钢		层底标高	
11	等电位端子箱	总等电位端子箱	铜排	160*75*45	层底标高+0.3	
12	等电位端子箱	局部等电位端子箱	铜排	160*75*45	层底标高+0.3	
13	辅助设施	接地跨接线	圆钢		层底标高	

图 9-13 识别引下线

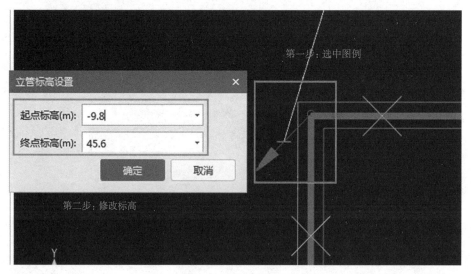

图 9-14 定义立管标高

◆ 应用小贴士：

（1）部分地区定额中引下线不需要计算 3.9% 的附加长度，可通过调整对应构件的计算设置实现，将 3.9% 的附加长度改为 0 即可。需要注意的是因为属性中计算设置是私有属性，所以要选中图元再修改或者修改后再绘制。如图 9-15 所示。

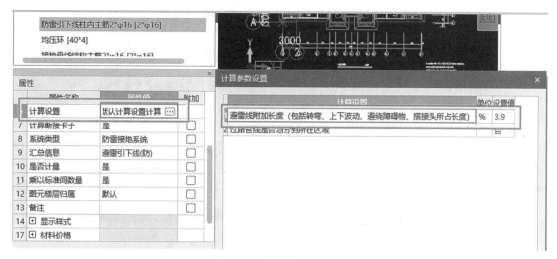

图 9-15　调整附加长度为 0

修改前后附加长度计算的对比如图 9-16 所示。

图 9-16　修改前后附加长度对比图

（2）组价中要注意当地定额对于引下线的说明。利用建筑结构钢筋作为接地引下线安装定额通常是按照每根柱子内焊接两根主筋编制的，当焊接主筋超过两根时，可按照比例调整定额安装费（因各地定额略有不同，实际情况以当地定额为准）。

9.2.3　均压环工程量统计

（1）均压环的作用：当建筑物过高时，利用圈梁钢筋或另设一根扁钢或圆钢于圈梁内作为均压环，主要防止侧击雷对建筑造成破坏。

（2）均压环算量注意事项：均压环在设计说明中会有起始楼层、间隔楼层，要注意每几层设置一次均压环。例如：高层建筑从 6 层起，每三层设一圈均压环，一共 17 层，则六层、九层、十二层、十五层，共四层敷设。设计说明的描述如图 9-17 所示。

（5）为防止侧击雷,使建筑物成为等电位连接体,建筑物内钢构架和混凝土的钢筋应相互连接,
从10层起隔层将结构圈梁中至少两根主筋可靠焊接贯通连接成闭合回路,并应同防雷装置引下线连接。将
建筑物首层及以上外墙上栏杆、门窗等较大金属物体直接或通过预埋件与防雷装置可靠连接。

图 9-17　均压环设计说明

（3）均压环一般使用的是最外圈梁结构主筋，在安装图纸中基本不会表示出来，所以
采用"直线绘制"功能即可。具体操作步骤为：选中"均压环"构件行→点击"直线绘制"
功能→沿建筑轮廓绘制，如图 9-18 所示。

	构件类型	构件名称	材质	规格型号	起点标高(m)	终点标高(m)
1	避雷针	避雷针	热镀锌钢管		层底标高	
2	避雷网	避雷网	圆钢	12	层底标高	层底标高
3	避雷网	屋面垫层内敷设	扁钢	40*4	45	45
4	避雷网支架	支架	圆钢	12		
5	避雷引下线	避雷引下线	扁钢	40*4	层底标高	层底标高
6	均压环	均压环	圆钢	16	层底标高	层底标高
7	接地母线	接地母线	扁钢	40*4	-9.8	-9.8
8	接地母线	预埋接地母线	圆钢	16	-0.8	-0.8
9	接地极	接地模块	镀锌角钢		层底标高	
10	筏基接地	筏板基础接地	圆钢		层底标高	
11	等电位端子箱	总等电位端子箱	铜排	160*75*45	层底标高+0.3	
12	等电位端子箱	局部等电位端子箱	铜排	160*75*45	层底标高+0.3	
13	辅助设施	接地跨接线	圆钢		层底标高	

图 9-18　直线绘制均压环

对于均压环要间隔对应的楼层分别布置的问题，可通过调整均压环构件属性中的"计
算次数"实现快速计算，如图 9-19 所示。

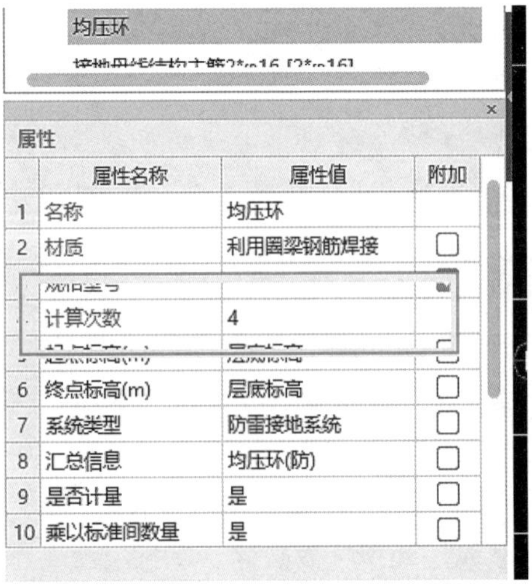

	属性名称	属性值	附加
1	名称	均压环	
2	材质	利用圈梁钢筋焊接	
	计算次数	4	
6	终点标高(m)	层底标高	
7	系统类型	防雷接地系统	
8	汇总信息	均压环(防)	
9	是否计量	是	
10	乘以标准间数量	是	

图 9-19　修改计算次数

◆ 应用小贴士：

（1）均压环的工作内容中有一项是钢铝窗接地。一般采用圆钢一端与窗连接，一端与圈梁主筋连接，计算工程量以"处"为单位。另外一般设计说明会写明如从 45m 开始，则需要统计 45m 往上的钢铝窗，可结合建筑平面图和钢铝窗表共同完成这部分工程量的统计。

（2）一般来说定额中防雷均压环是利用建筑物梁内主筋作为防雷接地连接线考虑的，每一根内按焊接两根主筋编制，当焊接主筋数超过两根时，可按比例调整定额安装费，各地定额可能会有差异，具体细节需查看当地的定额。

9.2.4　接地母线工程量统计

1. 接地母线

接地母线采用扁钢或圆钢作接地材料。分为户内与户外，户内接地母线一般沿墙用卡子固定敷设，户外接地母线一般埋设在地下。户内接地母线敷设时要注意安装部位，在配电室的母线会设置在配电室的四周，需要计算相应的主材 (图 9-20)，材质为镀锌扁钢，与总等电位箱（MEB）相连。

接地母线的统计直接采用"直线绘制"功能即可。此功能具体操作步骤前文已说明，此处不再赘述。软件处理后的布置如图 9-21 所示。

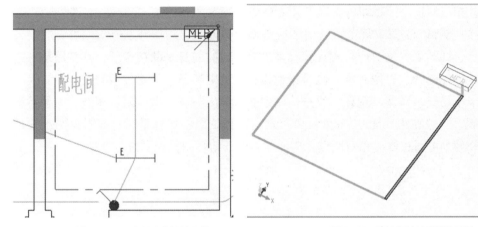

图 9-20　配电间内的接地母线　　　　　图 9-21　配电间接地母线效果图

2. 利用基础内钢筋作为自然接地体

除了配电室的接地母线设置，民用建筑主要利用基础内钢筋作为自然接地体，依据 2013 清单规则按照长度进行计算。这部分工程量也可以采用"直线绘制"功能。

绘制时注意事项：①根据设计要求调整构件的名称，方便后续不同部位的工程量区分；②接地母线借助的是基础内的钢筋，在连接到总等电位端子箱（MEB）时竖向的高度要伸入到基础钢筋处。

◆ 应用小贴士：

部分地区定额计算规则要求接地母线按面积计算，这种情况可以使用防雷接地中的"筏板基础接地"构件进行绘制。

9.2.5　接地极工程量统计

接地极：由钢管、角钢、圆钢、铜板或钢板制作而成，一般长度为 2.5m，每组 3 ~ 6 根，直接打入地下与室外接地母线连接。接地极的图纸呈现如图 9-22 所示。

图 9-22　接地极图纸说明

接地极根据清单要求结合图纸中的描述，写明材质、规格等信息，结合平面图以数量计算。软件中可直接采用"点绘"功能进行统计。

9.2.6　等电位端子箱和接地测试点工程量统计

（1）等电位端子箱：等电位端子箱一般有总等电位端子箱（MEB）和局部等电位端子箱（LEB）。软件中采用"点绘"或者"图例识别"均可。因前面已讲解，此处不再赘述（注：图例识别与设备提量操作类似）。

注意：LEB 箱子下面会有竖向扁钢，连接到当前层底，一般为 –25×4，具体规格结合设计要求按相应的长度计算即可。

（2）接地测试点：防雷规范避雷引下线必须与接地网、均压环、避雷网可靠焊接，需要计算焊点，即需要根据对应位置计算有多少处。它的前身是断接卡子，其作用是将避雷引下线与接地体断开，以便有利于测量接地体的接地电阻值。随着技术的进步和时代的发展，断接卡子已经被淘汰，现在一般是从柱主筋里接出一段来做电阻值测试，为了不影响建筑的外观，一般在距地面 0.5m 处设置接地电阻测试点。在算量时直接根据图示数量计取即可。软件中可通过修改相对应点式构件的名称，结合图例识别进行处理。

第 10 章　计算设置专题

本章主要讲解软件中各专业的计算设置内容，主要讲解电气专业、给水排水专业、消防专业、通风空调专业中软件计算设置的原理以及不同设置对计算结果的影响（采暖燃气专业计算设置与给水排水专业类似，智控弱电专业计算设置与强电专业类似，这两个专业不再单独讲解）。清晰了解计算设置原理，后期可根据各地工程具体情况自行调整，灵活应用。

10.1　电气专业计算设置

本节主要针对电气专业需要注意的 10 项计算设置进行分析。

10.1.1　电缆敷设弛度设置

软件中有专门针对电缆敷设弛度的计算设置，如图 10-1 所示。电缆需要计算 2.5% 的敷设弛度，关于计算基数软件提供了三种方式，以满足不同地区不同的算量要求。

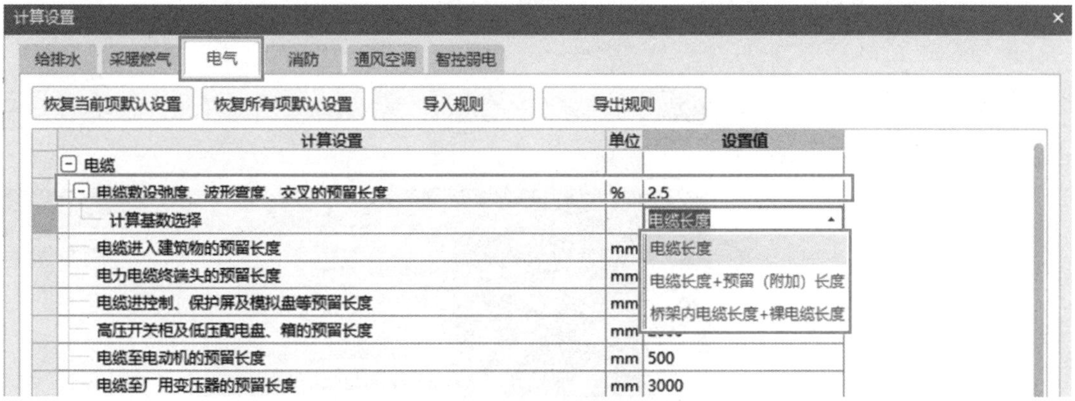

图 10-1　电缆敷设弛度

方式 1：电缆长度 ×2.5%。

软件默认的计算基数是"电缆长度"，选择此项时软件会按照电缆本身长度乘以 2.5% 计算敷设弛度，不管是桥架里面还是配管里面的电缆或者裸电缆，都作为计算基数，但是计算基数中不包括预留长度。即电缆总长度 = 电缆本身长度（桥架 + 配管 + 裸电缆）×（1+2.5%）。

方式 2：（电缆长度 + 预留长度）×2.5%

这种方式敷设弛度的计算基数为电缆长度 + 预留长度之和，其中电缆长度同方式 1 所列。所以此种方式电缆总长度 =【电缆本身长度（桥架 + 配管 + 裸电缆）+ 预留长度】×（1+2.5%）。

方式 3：（桥架内电缆长度 + 裸电缆长度）×（1+2.5%）

这种方式敷设弛度的计算基数为"桥架内电缆长度 + 裸电缆长度"，即将桥架内电缆长度 + 裸电缆长度作为计算基数，不包括配管里的电缆长度。所以电缆总长度 =（桥架内电缆长度 + 裸电缆长度）×（1+2.5%）。

在实际工程中，需要结合当地的定额规则和工程要求进行电缆基数的选择。

10.1.2　电缆进入建筑物的预留长度设置

软件中有关于电缆进入建筑物的预留长度的设置，默认为 2000mm，如图 10-2 所示。

计算设置		
给排水　采暖燃气　**电气**　消防　通风空调　智控弱电		
恢复当前项默认设置　　恢复所有项默认设置　　导入规则　　导出规则		
计算设置	单位	设置值
⊟ 电缆		
⊟ 电缆敷设弛度、波形弯度、交叉的预留长度	%	2.5
计算基数选择		电缆长度
电缆进入建筑物的预留长度	mm	2000
电力电缆终端头的预留长度	mm	1500
电缆进控制、保护屏及模拟盘等预留长度	mm	高+宽
高压开关柜及低压配电盘、箱的预留长度	mm	2000
电缆至电动机的预留长度	mm	500
电缆至厂用变压器的预留长度	mm	3000

图 10-2　电缆进入建筑物的预留长度

若需要软件自动计算电缆计入建筑的预留长度 2m，需要满足以下条件：①墙类型为外墙（图 10-3）；②电缆穿墙（图 10-4）。

属性		
	属性名称	属性值
1	名称	Q-1
2	厚度(mm)	250
3	类型	外墙
4	备注	
5	⊞ 其它属性	
10	⊞ 显示样式	

图 10-3　墙类型为外墙　　　　　　　　　　　　图 10-4　电缆穿墙计算结果

10.1.3　电缆预留长度设置

关于电缆终端头预留、电缆进配电箱预留在软件中均可设置，如图 10-5 所示。

图 10-5　电力电缆终端头和半周长预留

以上两项预留长度计算的原则：模型中只要电缆与配电箱连接，软件会自动计算。这两项数值均可根据实际情况调整。

10.1.4　高压开关柜及低压配电盘、箱的预留长度设置

软件中关于高压开关柜及低压配电盘、箱的预留长度默认为 2000mm，如图 10-6 所示。

图 10-6　高压开关柜及低压配电盘、箱的预留长度

软件需要满足以下条件才能按照此条计算设置默认的 2m 计算预留：①配电箱柜标高为层底标高；②电缆从配电箱底部接入。

10.1.5　电线预留长度设置

软件中可以设置电线进入配电箱的预留长度，如图 10-7 所示。

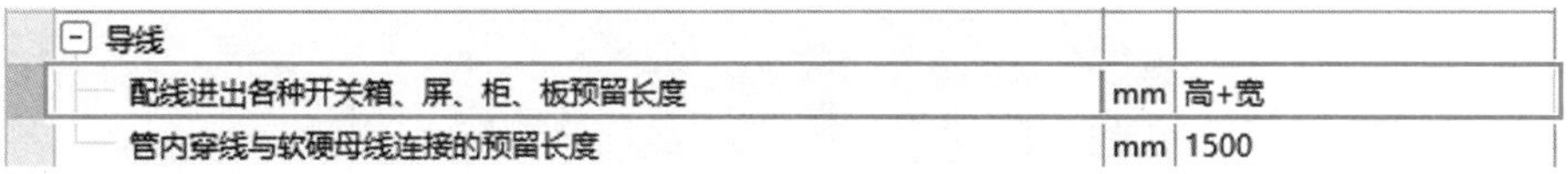

图 10-7　电线预留长度

电线进入配电箱通常的计算方式为配电箱半周长，即配电箱的高 + 宽。如果工程有特

殊要求，如有指定的预留长度，可直接在此项计算设置中输入对应的数值，后续软件会按照输入的数值计算预留长度。

10.1.6　电线保护管生成接线盒规则设置

软件内置了电线保护管生成接线盒的计算规则，如图 10-8 所示。

电线保护管生成接线盒规则		
当管长度超过设置米数，且无弯曲时，增加一个接线盒	m	30
当管长度超过设置米数，且有1个弯曲，增加一个接线盒	m	20
当管长度超过设置米数，且有2个弯曲，增加一个接线盒	m	15
当管长度超过设置米数，且有3个弯曲，增加一个接线盒	m	8

图 10-8　电线保护管生成接线盒规则

软件内置了接线盒的生成原则，参考依据为《电气装置安装工程施工及验收规范》GB 50258—96，设计无要求时可以按照其规则进行接线盒计算。若图纸有相关说明且与规则不同，则可以按照实际工程要求进行修改。后续生成接线盒时会按照计算设置中的设置值进行接线盒的计算。

10.1.7　明箱暗管管线的计算方式设置

软件内置了明箱暗管情况下管线的计算方式，如图 10-9 所示。

电线保护管生成接线盒规则		
当管长度超过设置米数，且无弯曲时，增加一个接线盒	m	30
当管长度超过设置米数，且有1个弯曲，增加一个接线盒	m	20
当管长度超过设置米数，且有2个弯曲，增加一个接线盒	m	15
当管长度超过设置米数，且有3个弯曲，增加一个接线盒	m	8
暗管连明敷设配电箱是否按管伸至箱内一半高度计算		否

图 10-9　明箱暗管情况下管线的计算方式

软件在计算配管长度时默认算到配电箱顶部，但实际工程中会出现明箱暗管的情况，即配电箱明敷、配管暗敷，这种情况如果需要配管伸至配电箱内一半高度计算，则需要调整本条计算设置为"是"，并满足配电箱敷设方式为明敷（图 10-10）、管敷设方式为暗敷（图10-11）的条件，软件即可按照管伸至箱内一半高度计算。

	属性名称	属性值	附加
1	名称	AL1	
2	类型	照明配电箱	☑
3	宽度(mm)	600	☑
4	高度(mm)	500	☑
5	厚度(mm)	300	☑
6	标高(m)	层底标高	☐
7	敷设方式	明敷	☐
8	所在位置	▼	☐
9	系统类型	照明系统	☐
10	汇总信息	配电箱柜(电)	☐
11	回路数量		☐
12	是否计量	是	☐
13	乘以标准间...	是	☐

	属性名称	属性值	附加
1	名称	PC20	☐
2	系统类型	照明系统	☐
3	导管材质	硬质聚氯乙烯管	☑
4	管径(mm)	20	☑
5	所在位置		☐
6	敷设方式	暗敷	☐
7	导线规格型号	BV-2*2.5	☑
8	起点标高(m)	层顶标高	☐
9	终点标高(m)	层顶标高	☐
10	支架间距(m...	0	☐
11	汇总信息	电线导管(电)	☐
12	备注		☐
13	⊞ 计算		
20	⊞ 配电设置		
24	⊞ 剔槽		

图 10-10　配电箱属性为明敷　　　　　　　图 10-11　配管属性为暗敷

10.1.8　防雷接地附加长度计算设置

软件还内置了防雷接地中附加长度的计算，在计算接地母线、避雷线长度时，软件会根据模型长度自动计算 3.9% 的附加长度。如图 10-12 所示。

防雷接地		
接地母线附加长度（包括转弯、上下波动、避绕障碍物、搭接头所占长度）	%	3.9
避雷线附加长度（包括转弯、上下波动、避绕障碍物、搭接头所占长度）	%	3.9

图 10-12　防雷接地附加长度

10.1.9　连接灯具、开关、插座是否计算预留设置

关于连接灯具、开关、插座是否计算预留，软件也可以进行调整，如图 10-13 所示。

连接灯具、开关、插座时，是否计算预留值		否
设置预留值	mm	设置计算值

图 10-13　连接灯具、开关、插座是否计算预留

本条设置的使用原则为：若定额已包含连接灯具、开关、插座的线缆预留，则按照软件默认的"否"进行设置即可；如果定额中未包含连接灯具、开关、插座的线缆预留，则将本条计算设置改为"是"，然后再根据需要进行预留值的设置，如图 10-14 所示。

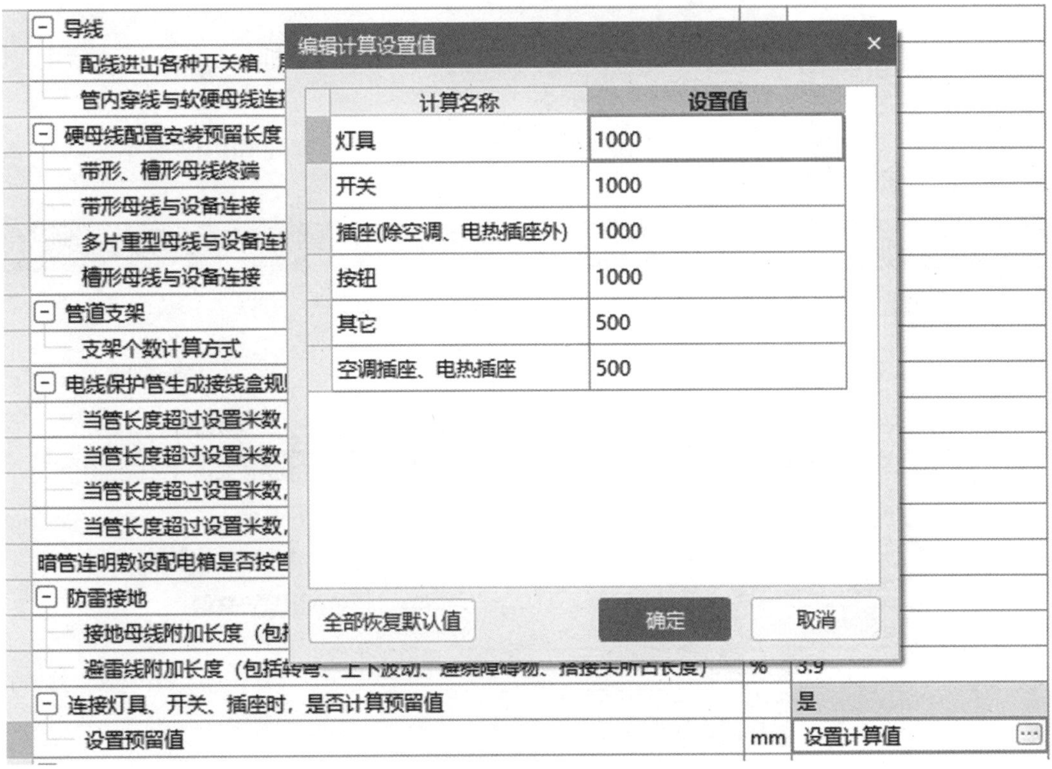

编辑计算设置值

计算名称	设置值
灯具	1000
开关	1000
插座(除空调、电热插座外)	1000
按钮	1000
其它	500
空调插座、电热插座	500

全部恢复默认值　　确定　　取消

图 10-14　编辑计算设置值

10.1.10　超高计算设置

软件对超高计算方法及超高起始值均进行了内置，如图 10-15 所示。

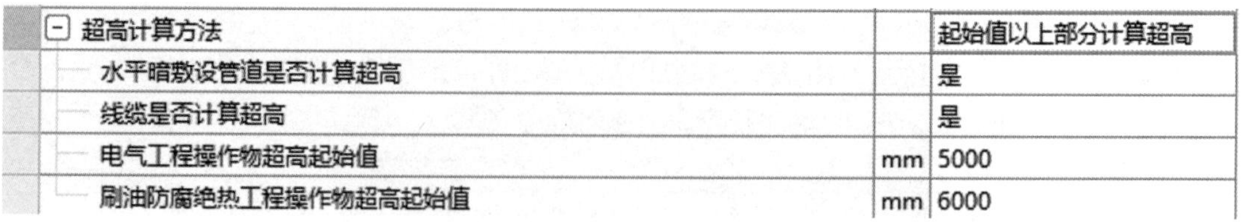

超高计算方法		起始值以上部分计算超高
水平暗敷设管道是否计算超高		是
线缆是否计算超高		是
电气工程操作物超高起始值	mm	5000
刷油防腐绝热工程操作物超高起始值	mm	6000

图 10-15　超高计算方法

软件默认的超高起始值为 5m，当构件高度超过 5m 时，水平暗敷的管和线缆均会计算超高工程量，如图 10-16 所示。需要注意的是总长度 = 长度 + 超高长度。

工程量

构件名称	总长度(m)	长度(m)	超高长度(m)	表面积(m2)
1 PC20	7.426	5.000	2.426	0.467

图 10-16　超高工程量

10.2　给水排水专业计算设置

本节主要针对给水排水专业中影响管道计算的计算设置进行分析。

10.2.1　给水 / 排水支管高度计算方式设置

关于给水 / 排水支管高度计算方式，软件提供了三种方式，如图 10-17 所示。以给水管道为例讲解管道的三种计算方式。

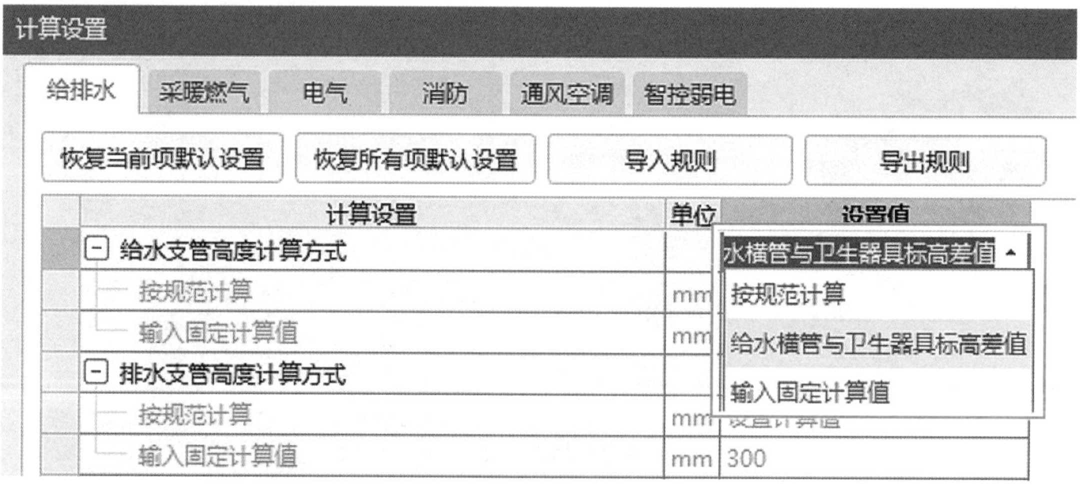

图 10-17　给水排水支管高度计算方式

方式 1：给水横管与卫生器具标高差值。

当选择该项设置时，给水支管高度会按照卫生器具安装高度与横管的标高差计算。例如，立式洗脸盆距地高度 0.8m，给水横管高度 0.3m，则两者之间立管高度为 0.5m，如图 10-18 所示。

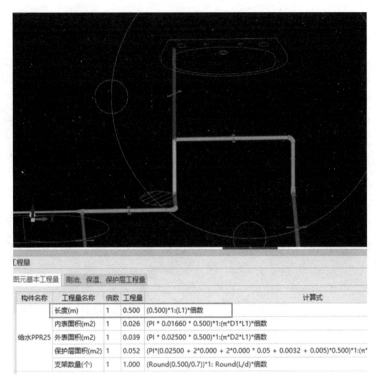

图 10-18　给水横管与卫生器具标高差值计算结果

方式 2：按规范计算。

当选择按规范计算时，可以设置计算值，如图 10-19 所示。

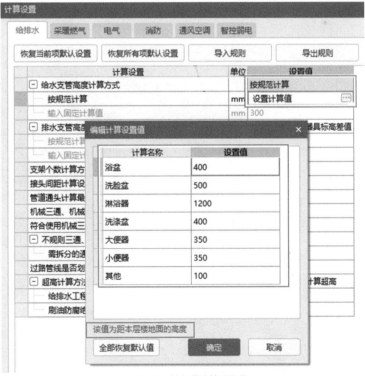

图 10-19　按规范计算设置值

计算设置值中的数值为距本层楼地面的高度，如洗脸盆距地 0.8m，水平横管距地高度 0.3m，此时按规范计算，支管高度应为 0.5–0.3=0.2m，结果如图 10-20 所示。

工程量

图元基本工程量　刷油、保温、保护层工程量

构件名称	工程量名称	倍数	工程量	计算式
给水PPR25	长度(m)	1	0.200	(0.200)*1:(L1)*倍数
	内表面积(m2)	1	0.010	(PI * 0.01660 * 0.200)*1:(π*D1*L1)*倍数
	外表面积(m2)	1	0.016	(PI * 0.02500 * 0.200)*1:(π*D2*L1)*倍数
	保护层面积(m2)	1	0.021	(PI*(0.02500 + 2*0.000 + 2*0.000 * 0.05 + 0.0032 + 0.005)*0.200)*1:(π*(D-

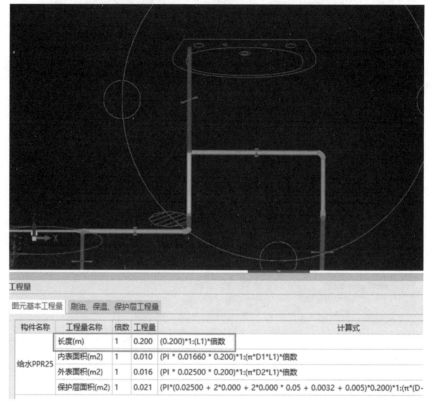

图 10-20　按规范计算结果

方式 3：输入固定计算值。

当选择输入固定计算值时，所有支管计算时均按照固定值。注意如果给水横管的高度与卫生器具之间的高差小于固定值时，此时支管高度等于横管高度与固定值的差值。

10.2.2　超高工程量计算设置

软件对超高起始值及超高计算方法均进行了内置，如图 10-21 所示。给水排水专业默认的超高起始值为 3.6m，其超高计算原则同电气专业，此处不再赘述。

⊟ 超高计算方法		起始值以上部分计算超高
给排水工程操作物超高起始值	mm	3600
刷油防腐绝热工程操作物超高起始值	mm	6000

图 10-21　给水排水超高计算方法

10.3　消防专业计算设置

本节重点讲解消防专业与消防管件生成相关的计算设置项。

10.3.1　机械三通、机械四通计算规则设置

关于机械三通、机械四通计算规则的设置，软件提供了三种方式，如图 10-22 所示。

图 10-22 机械三通、机械四通计算规则设置

选择"水平管＋立管"则全部计算机械三通/四通工程量；选择"水平管"则只有水平管计算机械三通/四通工程量，立管不计算；选择"全不计算"则全部不计算机械三通/四通工程量。

10.3.2 符合使用机械三通/四通的管径条件设置

软件可以设置机械三通/四通的生成条件，通过"符合使用机械三通/四通的管径条件"这项计算设置即可完成，软件参考《自动喷水灭火系统施工及验收规范》GB 50261—2017进行内置，如图 10-23 所示。

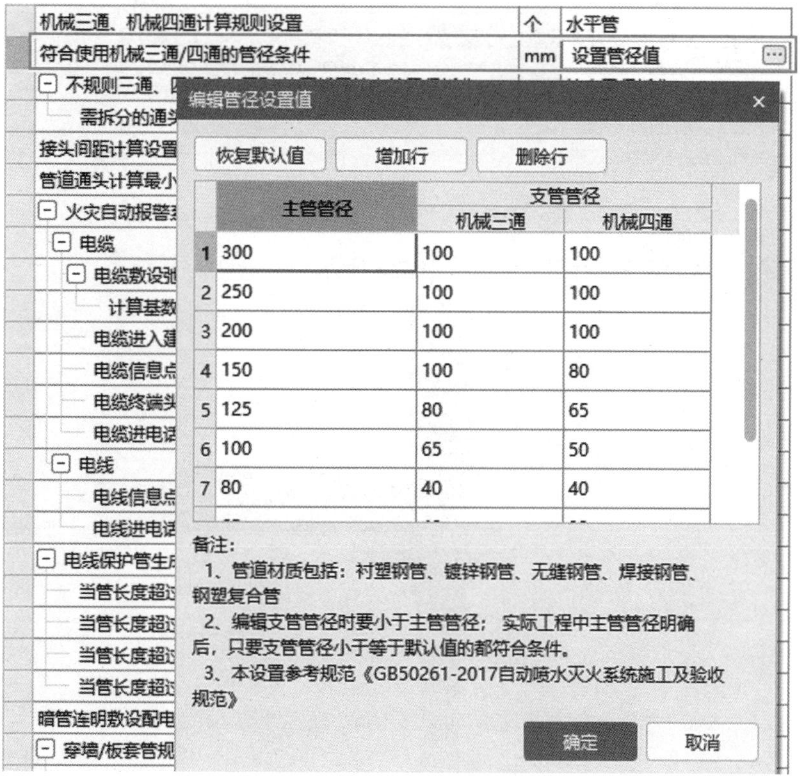

机械三通、机械四通计算规则设置	个	水平管	
符合使用机械三通/四通的管径条件	mm	设置管径值	···

编辑管径设置值 ×

恢复默认值	增加行	删除行

	主管管径	支管管径	
		机械三通	机械四通
1	300	100	100
2	250	100	100
3	200	100	100
4	150	100	80
5	125	80	65
6	100	65	50
7	80	40	40

备注：
1、管道材质包括：衬塑钢管、镀锌钢管、无缝钢管、焊接钢管、钢塑复合管
2、编辑支管管径时要小于主管管径；实际工程中主管管径明确后，只要支管管径小于等于默认值的都符合条件
3、本设置参考规范《GB50261-2017自动喷水灭火系统施工及验收规范》

确定 取消

图 10-23 机械三通/四通设置

实际工程中如有特殊要求，可自行调整此项的设置数值。需要注意支管管径要小于主管管径，并且主管管径明确后，支管管径小于或者等于默认值都会按照设置数值自动生成机械三通 / 四通。

10.3.3　接头间距计算设置

软件可以针对接头计算的间距进行设置，软件默认值为 6m，即管道长度每隔 6m 会生成一个接头。如图 10-24 所示。

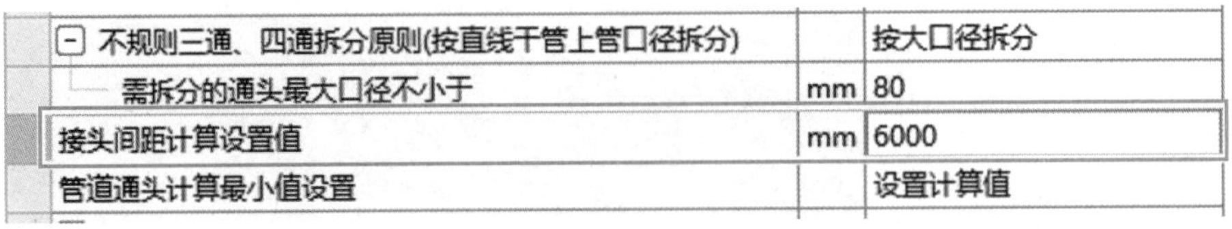

□ 不规则三通、四通拆分原则(按直线干管上管口径拆分)		按大口径拆分
需拆分的通头最大口径不小于	mm	80
接头间距计算设置值	mm	6000
管道通头计算最小值设置		设置计算值

图 10-24　接头间距计算设置值

10.4　通风专业计算设置

本节主要讲解通风专业的重点计算设置项。

10.4.1　风管长度计算设置

关于风管长度的计算，软件提供了两种方式，如图 10-25 所示。

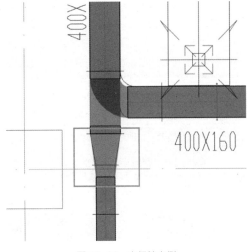

图 10-25　风管长度计算设置

以变径管的计算为例进行讲解，如图 10-26 所示。

图 10-26　变径管实例

（1）当选择"风管长度一律以图示管的中心线长度为准"时，当前风管长度计算按图示管的中心线长度计算，如图 10-27 所示。

（2）当选择"变径管长度计算到大管径风管延长米内"时，风管长度计算时，变径管长度计算到大管径风管延长米内，如图 10-28 所示。

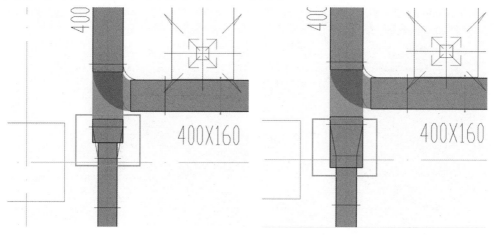

图 10-27　风管按中心线计算　　　　　　　　图 10-28　风管按大管径计算

10.4.2　风管是否扣减通风部件设置

软件"计算设置"中可以设置风管是否扣减通风部件长度，如图 10-29 所示。

选择"是"则扣除风管部件所占长度；选择"否"则通风部件所占长度不扣除，需注意扣减宽度在风管部件属性中体现，如图 10-30 所示。

图 10-29　风管是否扣减通风部件长度

图 10-30　风管部件扣减宽度

10.4.3　末端封堵是否计算设置

软件可以调整是否计算风管末端封堵，如图 10-31 所示。

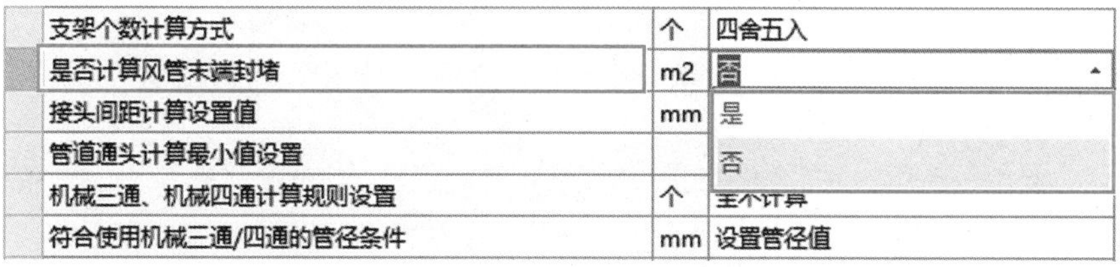

支架个数计算方式	个	四舍五入
是否计算风管末端封堵	m2	是
接头间距计算设置值	mm	是
管道通头计算最小值设置		否
机械三通、机械四通计算规则设置	个	主个计算
符合使用机械三通/四通的管径条件	mm	设置管径值

图 10-31　是否计算风管末端封堵

选择"是"则计算风管末端封堵的量；选择"否"则不计算风管末端封堵的量。如某段 800×200 的风管，不计算封堵时的工程量（图 10-32）和计算封堵时的工程量（图 10-33）对比。

工程量

图元基本工程量 | 刷油、保温、保护层工程量 | 软接头 | 导出当前表内容

构件名称	工程量名称	倍数	工程量	计算式
JXFG-7	长度(m)	1	3.781	(3.781)*1:(L1)*倍数
	展开面积(m2)	1	7.562	(2.000*3.781)*1:(周长*L1)*倍数
	保护层面积(m2)	1	7.562	(2.000*3.781)*1:(周长*L1)*倍数
	支架数量(个)	1	1.000	(Σ Round((L + RJL)/d))*倍数

图 10-32　不计算封堵工程量

工程量

图元基本工程量 | 刷油、保温、保护层工程量 | 软接头 | 导出当

构件名称	工程量名称	倍数	工程量	计算式
JXFG-7	长度(m)	1	3.781	(3.781)*1:(L1)*倍数
	展开面积(m2)	1	7.882	(2.000*3.781)*1:(周长*L1)*倍数 + 0.16*1 :(堵头宽*堵头高)*倍数 + 0.16*1 :(堵头宽*堵头高)*倍数
	保护层面积(m2)	1	7.899	(2.000*3.781)*1:(周长*L1)*倍数 + 0.17*1 :(堵头宽*堵头高)*倍数 + 0.17*1 :(堵头宽*堵头高)*倍数
	支架数量(个)	1	1.000	(Σ Round((L + RJL)/d))*倍数

图 10-33　计算封堵工程量

10.4.4　导流叶片通头设置

生成通头后一般情况下通头呈现粉色，但是工程中也会出现黄色的通头，这些黄色通头就是带导流叶片的弯头，软件可以设置是否计算弯头导流叶片，如图 10-34 所示。

需拆分的通头最大口径不小于	mm	80
是否计算弯头导流叶片		是
矩形弯头导流叶片面积计算规则		计算规则设置
⊟ 穿墙/板套管规格型号设置		

图 10-34　是否计算弯头导流叶片

带导流叶片的弯头生成规则：当矩形风管平面宽度大于等于 500mm，在其 90° 弯头转弯处自动生成带导流叶片的弯头，弯头两侧的风管尺寸和标高均要一致。矩形弯头倒流叶片面积计算规则，如图 10-35 所示。

是否计算弯头导流叶片	是
矩形弯头导流叶片面积计算规则	计算规则设置

编辑计算设置值

风管导流叶片宽度对应片数表

风管宽度(mm)	500	630	800	1000	1250	1600	2000
导流叶片数(片)	4	4	6	7	8	10	12

风管导流叶片高度对应面积表

风管高度(mm)	200	250	320	400	500	630	800	1000	1250	1600	2000
每片面积(m2)	0.075	0.091	0.114	0.140	0.170	0.216	0.273	0.425	0.502	0.623	0.755

1、根据风管宽度规格尺寸选择相对应导流叶片的片数。
2、根据风管高度规格尺寸选择相对应导流叶片单片面积数×根据宽度尺寸已选定的导流叶片数=该规格的风管导流叶片总面积。
3、表格中的相关数据参考05N4-2通风与空调工程（配件分册）、全国统一安装工程预算定额解释汇编。

全部恢复默认值　确定　取消

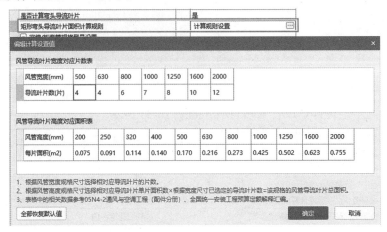

图 10-35　导流叶片面积计算规则设置

10.4.5 风管及风管部件按定额要求设置出量

为了方便后期定额子目的套取，可以在软件中设置风管及风管部件按定额要求出量，如图 10-36 所示。

图 10-36 风管及风管部件是否按定额要求设置出量

软件会根据不同地区的定额特点，按不同的方式出量。如定额子目按周长划分，则软件匹配的规则同样为按周长划分，并且划分的方式会与当地定额保持一致。如图 10-37 所示。

汇总计算后，可以在"工程量"页签下的"分类工程量"或者"报表预览"里面查看工程量，结果如图 10-38 所示。需要注意的是：工程中需要选择相应的定额库，软件才能匹配，否则此项设置中的定额要求会显示"无"。定额库可以在新建工程的时候选择（图 10-39），也可以后期在"工程设置"页签下的"工程信息"里面补充选择（图 10-40）。另外也可以在计算设置中自行按照不同的出量维度进行修改、新增等操作，满足不同的出量要求。

图 10-37 定额出量设置

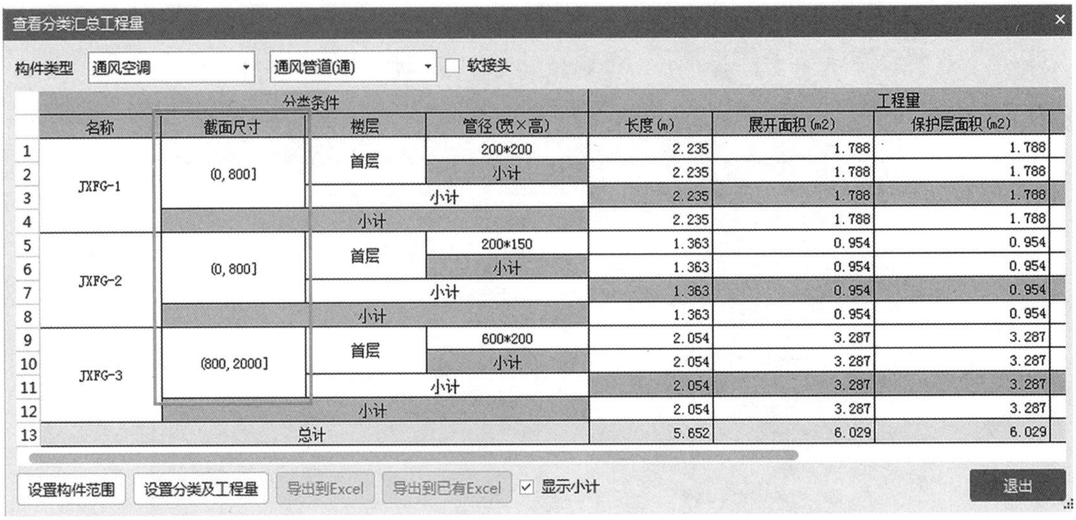

查看分类汇总工程量

构件类型　通风空调　｜　通风管道(通)　｜　□软接头

	分类条件				工程量		
	名称	截面尺寸	楼层	管径(宽×高)	长度(m)	展开面积(m2)	保护层面积(m2)
1	JXFG-1	(0,800]	首层	200*200	2.235	1.788	1.788
2				小计	2.235	1.788	1.788
3			小计		2.235	1.788	1.788
4		小计			2.235	1.788	1.788
5	JXFG-2	(0,800]	首层	200*150	1.363	0.954	0.954
6				小计	1.363	0.954	0.954
7			小计		1.363	0.954	0.954
8		小计			1.363	0.954	0.954
9	JXFG-3	(800,2000]	首层	600*200	2.054	3.287	3.287
10				小计	2.054	3.287	3.287
11			小计		2.054	3.287	3.287
12		小计			2.054	3.287	3.287
13	总计				5.652	6.029	6.029

设置构件范围　设置分类及工程量　导出到Excel　导出到已有Excel　☑显示小计　　　退出

图 10-38　按定额出量结果

图 10-39　新建工程时选择定额库

图 10-40　工程信息中选择定额库

附　录

附录 A BIM 安装计量软件常用快捷键

BIM 安装计量软件常用快捷键 表 A-1

序号	BIM 安装计量软件快捷键	命令
1	F1	帮助
2	F2	构件列表及属性窗格显隐
3	F3	批量选择
4	F4	界面显示：恢复默认界面
5	F5	合法性检查
6	F6	显示指定图元
7	F7	界面显示：CAD 图层
8	F8	视图：楼层显示
9	F9	工程量：汇总计算
10	F10	显示指定图层
11	F12	图元显示设置
12	Ctrl+F	查找图元
13	Delete	删除
14	Ctrl+N	新建
15	Ctrl+S	保存
16	Ctrl+O	打开
17	Ctrl+Z	撤销
18	Ctrl+Y	恢复
19	Ctrl+I	视图：放大
20	Ctrl+U	视图：缩小
21	Ctrl+Q	状态栏：动态输入
22	Ctrl+`	图纸管理
23	Ctrl+1	视图：动态观察
24	Ctrl+2	视图：二维 / 三维

续表

序号	BIM 安装计量软件快捷键	命令
25	Ctrl+5	视图：全屏
26	双击滚轮	视图：全屏
27	滚轮前后滚动	视图：放大或缩小
28	按下滚轮，同时移动鼠标	平移
29	空命令状态下空格键	重复上一次命令
30	SQ	选择：拾取构件
31	CF	楼层：从其他层复制
32	FC	楼层：复制到其他层
33	CO	通用编辑：复制
34	MV	通用编辑：移动
35	MI	通用编辑：镜像
36	BR	通用编辑：打断
37	RO	通用编辑：旋转
38	EX	通用编辑：延伸
39	JO	通用编辑：合并
40	TR	通用编辑：修剪
41	SX	属性
42	BG	表格输入
43	-	分类工程量
44	C	CAD 草图：图元显示 / 隐藏
45	PZ	BIM 模型：碰撞检查
46	Alt+1	识别：一键识别（电气）
47	Alt+2	识别：一键识别（弱电）
48	Alt+3	识别：桥架配线
49	Alt+4	识别：选择识别（通风）
50	Alt+5	识别：自动识别（通风）
51	Alt+6	识别：系统编号（通风）
52	Alt+7	识别：设置起点
53	Alt+8	识别：选择起点
54	Alt+0	绘制：布置立管
55	Alt++	识别：风管通头识别

续表

序号	BIM 安装计量软件快捷键	命令
56	Alt+-	设置：构件库维护
57	1	识别：单回路
58	2	识别：多回路
59	3	识别：识别桥架
60	4	识别：选择识别
61	5	识别：自动识别（水）
62	6	识别：按喷头个数识别
63	7	识别：设备提量
64	9	识别：一键提量
65	0	绘制：直线

备注：更多功能快捷键可在"工具→选项→快捷键定义"中进行定义调整。

附录 B 热点问题集锦

B1 备份文件如何使用

"备份文件"应用场景及原理：为防止工程文件损坏而造成损失，在工程编辑过程中，每一次点击保存工程，软件自动生成对应的备份文件。

"备份文件"生成格式：①按照工程保存日期分文件夹命名；②每个日期文件夹内按照保存时间生成备份文件；③备份文件后缀 .bak。

"备份文件"位置：点开软件左上角的 A 图标→"选项"→"文件"→"备份文件设置"→"打开备份文件夹"。

"备份文件"使用方法：按照保存时间选择需要的备份文件→复制到桌面→鼠标右键重命名→删除后缀".bak"，即可使用广联达 BIM 安装计量软件打开。如图 B1-1 所示。

图 B1-1 打开备份文件

B2 经典模式与简约模式的区别

安装计量软件中内置两种模式：简约模式和经典模式。简约模式为 BIM 安装计量软件新增的算量模式，该模式可以帮助初次接触软件的用户更好更快地上手使用算量工具，旨在探索建模与高效算量之间的平衡点而出现的；经典模式是相对于简约模式的说法，也是安装计量诞生以来用户算量使用的模式。本节将详细阐述两者的区别。

区别一：算量流程不同

对于软件来讲核心的算量思路是一样的，简约模式和经典模式最大的区别在于工程楼层管理和图纸的分配顺序上。简约模式在处理流程上更贴近用户算量习惯，对图纸的楼层分配进行优化，使之变成可控可选的一步。经典模式在添加图纸之后必须先进行图纸分割、定位及楼层分配的算量准备工作，再通过识别或者绘制的方式进行建模算量。而简约模式导入图纸之后即可算量，对于分配楼层的步骤是可选的，若不想分配图纸，相关的竖向工程量可以在表格输入中处理，后期也可以借助"区域管理"功能进行工程量划分与出量。如图 B2-1 所示。

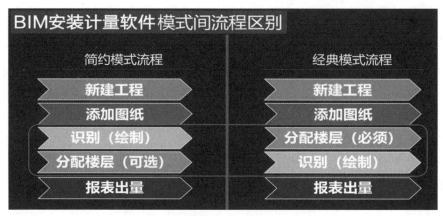

图 B2-1　算量流程对比

区别二：图纸管理模式不同

经典模式导入图纸后，需要进行图纸的分割定位及楼层分配，本书第 3 章前期准备中已进行详细说明。简约模式导入图纸后可以直接进入算量阶段，是因为软件建立了一个工作面层（工作面层的默认高度在 450m 的位置，是整个软件的独立层，不属于任何楼层，也不受任何楼层层高影响，作用是方便大家把图纸在这里摊开进行工程量的计算与处理），在工作面层中处理的是平面图的工程量，对于竖向的工程量若要三维模型效果，就需用到楼层分配及定位，如图 B2-2。

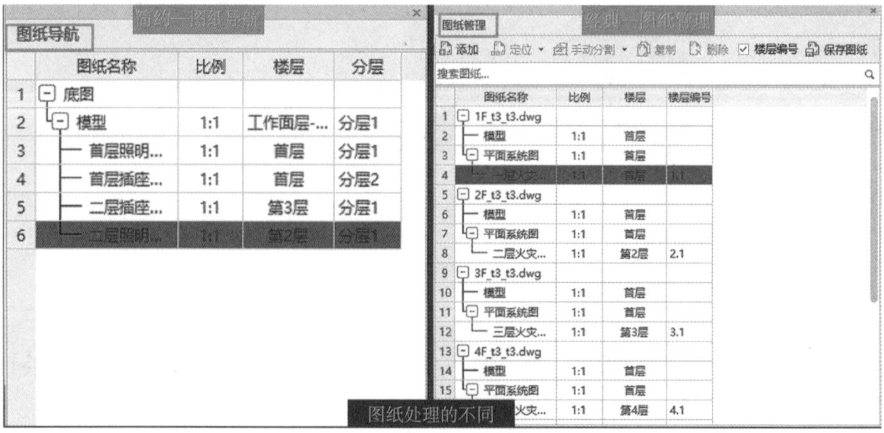

图 B2-2　图纸管理模式对比

因为本书以经典模式为例进行说明，所以此处重点说明简约模式下的分配楼层与定位的注意事项。

（1）分配楼层

① "分配楼层"功能位置："工程量"页签→三维模式功能→"分配楼层"及"定位"功能，如图 B2-3 所示。

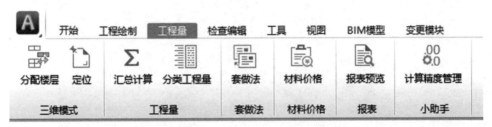

图 B2-3　分配楼层及定位功能位置

② 分割图纸及分配楼层的操作过程与经典模式类似，需要注意的是工作面层中的图纸进行楼层的分配后会分配到不同的分层中。如一层照明图纸、一层插座图纸先分配到一层的就会被指定到分层 1，后分配到一层的就会被指定到分层 2，以此类推，分层的上限是 20 个。分层可以理解为 CAD 的图层，在分层 1 就只能看到分层 1 的照明图纸以及所绘制的灯具等图元，切换到分层 2 的插座图纸就看不到分层 1 的灯具和图纸，分层由软件自动指定，如图 B2-4 所示。

分配楼层注意事项：分配楼层不可撤销，如果分配楼层错误，可切到对应楼层再次进行"分配楼层"操作。

（2）定位

"定位"功能的注意事项：在工作面层中"定位"是灰显不可操作的（图 B2-5），所以简约模式下需要切换到对应的楼层中对分配过来的每张图纸进行定位操作。具体定位方式可参见本书第 3 章前期准备章节内容。

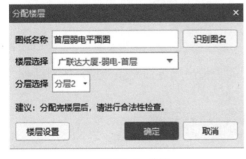

图 B2-4　分层

图 B2-5　工作面层中定位功能灰显

B3　隔盏识别的功能详解

"隔盏识别"功能背景说明：在地库的照明设计中，为了在确保照明的情况下进行维护和检修，通常会采用同一排的灯具分开两个或者多个回路，灯具的开闭为隔一控一（即回路一控制灯 1、3、5，回路二控制灯 2、4、6 的方式）的控制方式来进行灯具的配线。

"隔盏识别"功能使用场景：目前大型地库设计中常见隔盏类照明控制图纸，图纸呈现的形式为多条回路由一根 CAD 线代表，灯具的控制方式为隔一控一，常见的设计样式如图 B3-1 所示。

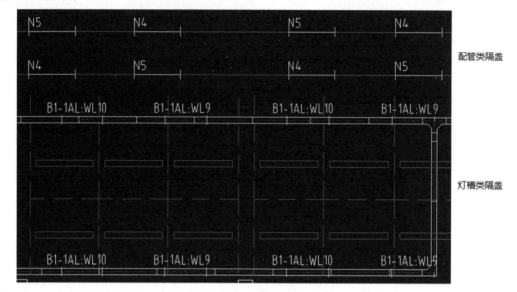

图 B3-1　隔盏类图纸的设计呈现样式

"隔盏识别"功能应用：注意在软件中需识别完照明灯具后，再使用"隔盏回路"功能。该功能位于"电气专业→电线导管构件→绘制→识别"功能中，如图 B3-2 所示。

图 B3-2　隔盏回路功能位置

"隔盏回路"具体操作步骤及注意事项：

第一步：单击鼠标左键触发"隔盏回路"功能，弹出隔盏回路类型选择的对话框（图 B3-3）。

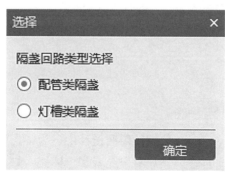

图 B3-3　隔盏回路类型选择的对话框

　　第二步：根据隔盏类图纸的设计方式选择对应的隔盏回路类型：A 配管类隔盏、B 灯槽类隔盏。若为灯槽类隔盏需要注意要先识别或者绘制好相应灯具照明线槽才可以进行后续操作。

　　（1）配管类隔盏：

　　① 在"隔盏回路类型选择"窗口中选择"配管类隔盏"，点击确定后在绘图区选择要识别的 CAD 线及代表隔盏的标识，支持多条回路的选择。选择后的 CAD 线呈现蓝色（图B3-4）。若选错回路，再次点选将取消所选回路。

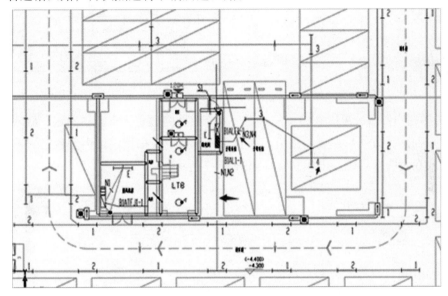

图 B3-4　CAD 底图在绘图区中的选中状态

　　② 检查无误后，鼠标右键确认，即弹出回路信息窗体，如图 B3-5 所示。

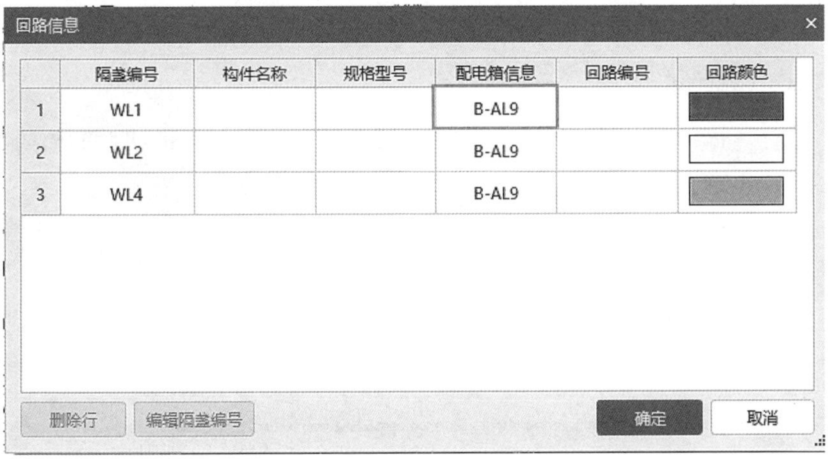

回路信息						×
	隔盏编号	构件名称	规格型号	配电箱信息	回路编号	回路颜色
1	WL1			B-AL9		
2	WL2			B-AL9		
3	WL4			B-AL9		

删除行　编辑隔盏编号　　　　　　　　　　　　　　确定　　取消

图 B3-5　回路信息窗体

　　③ 所选 CAD 线上所有标识均被查找到，并在窗体内显示出来。双击"隔盏编号"可以反查对应回路，回路中隔盏灯具亮黄色显示，路线成亮绿色显示，检查无误可以直接选择构件进行生成。若是有误，可以直接选中要更改的 CAD 线修改路径。如图 B3-6 所示。

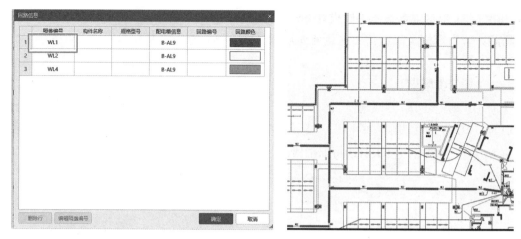

图 B3-6   路径的反查亮绿色路径

④ 选择完构件后，可以在窗体的最后一列修改回路颜色，点击"确定"后软件会按照该颜色生成回路，方便后期查看区分。并且可以看到线缆根据窗体内颜色并列排布，不同回路的管线在对应灯具位置生成立管。如图 B3-7 所示。

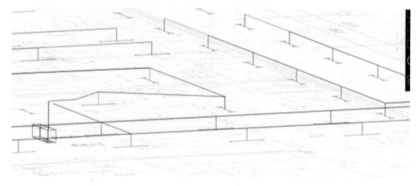

图 B3-7   不同回路不同的颜色并列排布与立管的呈现

（2）灯槽类隔盏：

① 在"隔盏回路类型选择"窗口中选择"灯槽类隔盏"，再根据右下角的提示选择桥架任意位置及代表隔盏灯具的标识，选中状态如图 B3-8 所示。

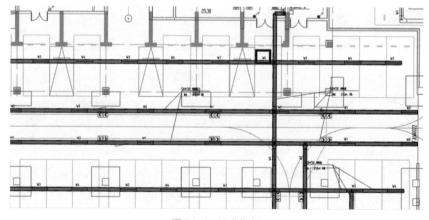

图 B3-8   选中状态

单击鼠标右键确认，在弹出的窗体中，可以看到软件已经将选中范围内的隔盏回路全部提取进来，如图 B3-9 所示。

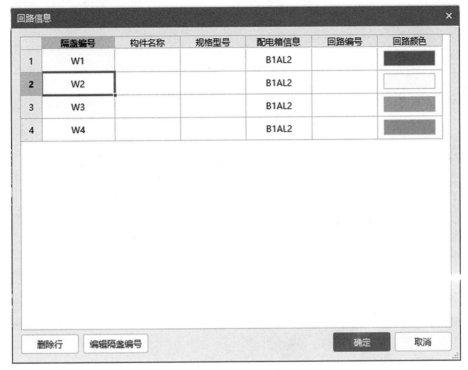

图 B3-9　回路信息窗口

② 与配管类隔盏操作类似，双击"隔盏编号"支持反查相应回路，在灯槽类隔盏的反查中不仅灯具及回路亮显，还增加了线缆路径的走向，可以看到每条回路换线位置，如图 B3-10 所示。

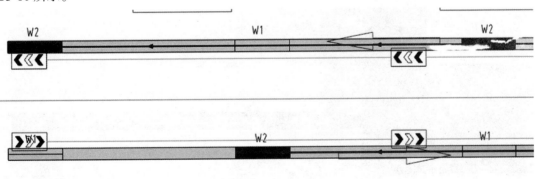

图 B3-10　路径反查亮显

③ 根据施工规范中的要求，在桥架 / 线槽内的线缆不允许接头，所以软件对于灯槽类隔盏的灯具管线穿线至最近路径的灯具内进行不同回路的线缆进出，线路上进出的反查路径如图 B3-11 所示。

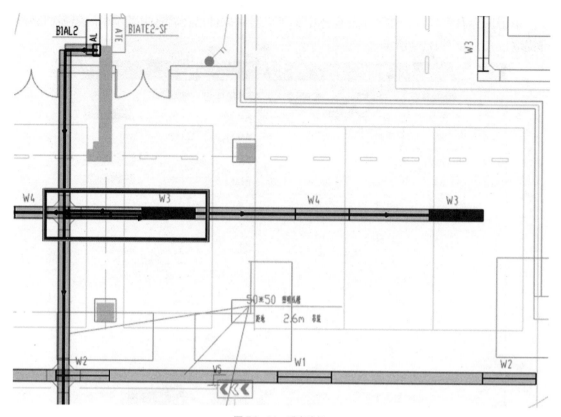

图 B3-11　反查路径

④检查无误后添加构件，支持选择电线 / 电缆导管—配管类构件。同时按配管类构件反建同名称的电线或电缆构件。若灯具与线槽之间有高差，可以按相应的配管自动生成立管。生成线缆后可以根据颜色判断线缆的走向，最终生成效果如图 B3-12 所示。

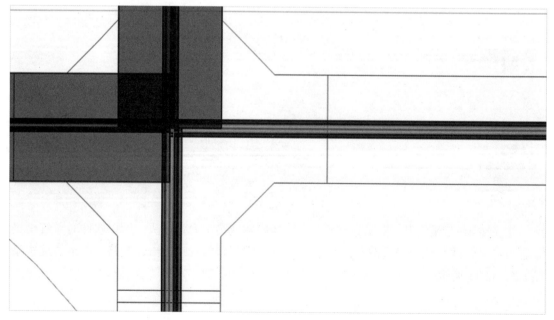

图 B3-12　生成效果

B4　弱电一键识别功能操作讲解

"一键识别"应用原理：是按照弱电回路末端设备的类型、线缆规格型号、导管的最大穿线根数，进行线缆根数分配，由软件自动生成配管图元。

"一键识别"应用场景：针对弱电回路中，存在如电视插座、网络信息插座等多种不同的弱电设备，相应连接的线缆规格型号不同，需要结合系统图区分不同的弱电器具，并按照不同的连线根数和导管的最大穿线根数决定最后的配管排布，根据选择的弱电回路，计算回路中所找到的设备数量，自动判断管道图元数量和穿线根数。

"一键识别"具体操作步骤：

第一步：识别弱电器具／设备，识别或绘制桥架图元；

第二步："经典模式"在智控弱电的电缆导管构件类型下，在"识别"中点击"一键识别"功能（图 B4-1），选择图纸中代表弱电管线的 CAD 线；

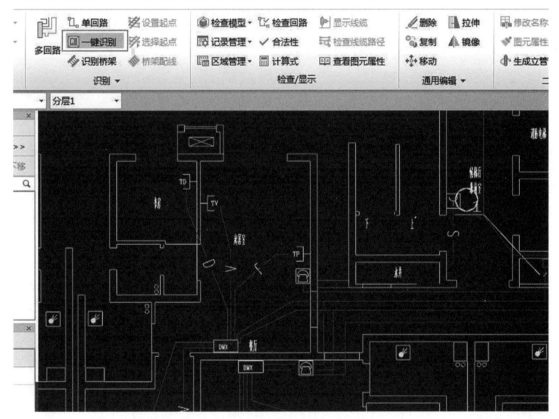

图 B4-1　一键识别

第三步：点击鼠标右键，弹出"构件编辑窗口"，在"图元选择"栏勾选弱电器具，触发"添加行"将设备添加至右侧"管线设置栏"，编辑布线方式（放射式和树干式），触发"…"按钮（图 B4-2）选择配管构件，管径、线缆规格型号自动带出，输入配管中的穿线最大根数（以此来确定配管根数）；

图 B4-2 "…" 按钮

第四步：可以参考工程实例进行设置穿线最大根数；

第五步：触发"删除行"可以删除"管线设置栏"的构件行。

工程示例中有对于放射式或树干式的生成效果示意图，熟悉之后可选择"隐藏工程示例"。

◆ 应用小贴士：

大部分弱电的布线都是放射式的。

B5 地暖管如何识别

地暖全称地板辐射采暖，原理是以整个地面为散热器，通过地板辐射层中的热媒，均匀加热整个地面，利用地面自身的蓄热和热量向上辐射的规律由下至上进行传导，以达到取暖目的的一种取暖方式。常用的热媒介质有水地暖和电地暖两大类。本书以目前最常见的水地暖为例进行讲解。

目前地暖主要的算量形式有两种：一种是统计地暖盘管的长度，一种是统计地暖盘管的面积。由于当前版本的软件并没有相应的识别功能与之对应，参考上文的复杂构件处理流程对于没有相应功能的场景，先确定需要计算的工程量是地暖管的长度工程量，同时这个长度不需要额外考虑计算损耗，地暖图纸的设计呈现见图 B5-1。在此选择采暖燃气专业下的"选择识别"功能进行地暖管道长度工程量的统计。

地暖管"选择识别"具体操作步骤及注意事项：

第一步：先在"CAD 图层"中使用"显示指定图层"功能，只提取与算量有关的 CAD 图，操作完成后在绘图区只能看到代表

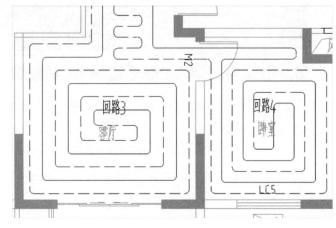

图 B5-1 地暖盘管的设计图

地热盘管的 CAD 图元，如图 B5-2 所示；

属性
CAD图层
显示指定图层
隐藏指定图层
显示指定图元
开/关
颜色
名称
已提取的CAD图层
CAD原始图层

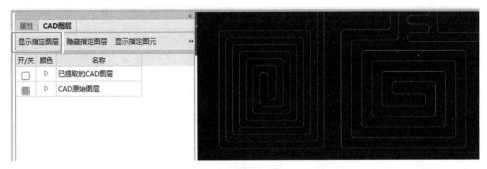

图 B5-2 显示指定图层后的地热盘管

第二步：在构件列表建立好所需的地热管材。需要注意地热盘管转弯处的设计弧度要小于软件提取的弧度，识别前修改“CAD 识别选项”中第 8 条“拉框选择操作中，允许选中 CAD 弧的最小直径（mm）”，软件默认值为 1000mm，可以修改到能够识别盘管的弧度范围 5mm，如图 B5-3 所示；

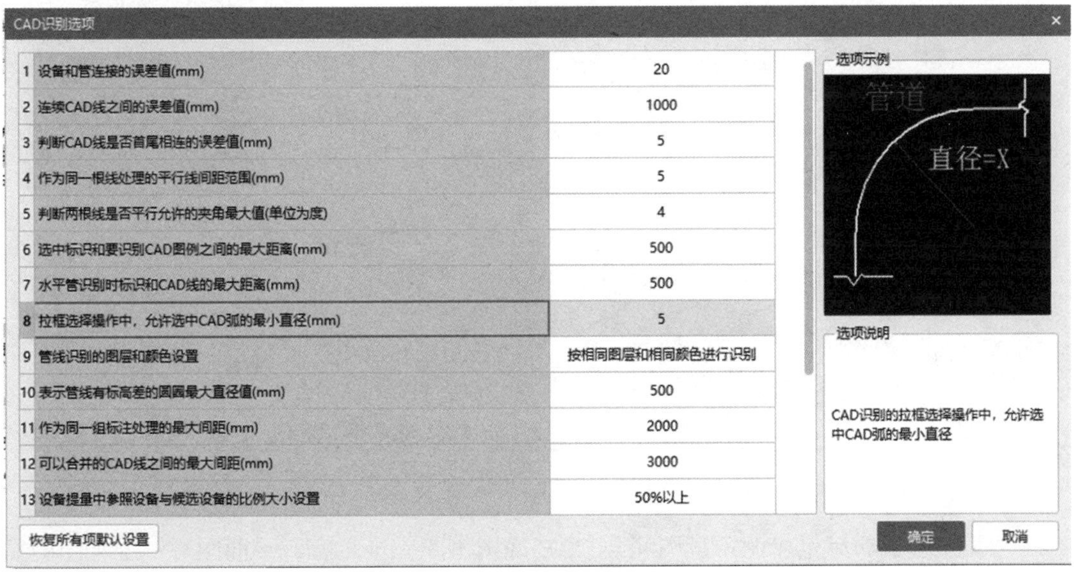

CAD识别选项
1 设备和管连接的误差值(mm)
20
2 连续CAD线之间的误差值(mm)
1000
3 判断CAD线是否首尾相连的误差值(mm)
5
4 作为同一根线处理的平行线间距范围(mm)
5
5 判断两根线是否平行允许的夹角最大值(单位为度)
4
6 选中标识和要识别CAD图例之间的最大距离(mm)
500
7 水平管识别时标识和CAD线的最大距离(mm)
500
8 拉框选择操作中，允许选中CAD弧的最小直径(mm)
5
9 管线识别的图层和颜色设置
按相同图层和相同颜色进行识别
10 表示管线有标高差的圆圈最大直径值(mm)
500
11 作为同一组标注处理的最大间距(mm)
2000
12 可以合并的CAD线之间的最大间距(mm)
3000
13 设备提量中参照设备与候选设备的比例大小设置
50%以上
选项示例
管道
直径=X
选项说明
CAD识别的拉框选择操作中，允许选中CAD弧的最小直径
恢复所有项默认设置
确定
取消

图 B5-3 CAD 识别选项调整

第三步：使用“选择识别”框选需要识别的地热管道即可，识别后效果如图 B5-4 所示。

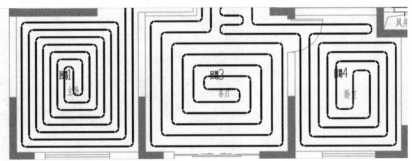

图 B5-4 识别完成的地热盘管

B6　散热器识别的常见问题

在使用设备提量识别散热器时，可能会遇到以下几个问题，比如：

（1）通常会遇到这个提示"设备识别数量是："，如图 B6-1 所示。

问题产生的主要原因：散热器的图例一般有代表规格型号的标注与之对应，当 CAD 的文字标

图 B6-1　识别的设备数量是 0

注与图例距离较远时，就会出现此类问题。在此时需要调整"CAD 识别选项"的第 6 条（图 B6-2）"选中标识和要识别 CAD 图例之间的最大距离（mm）"，默认值为 500mm，结合图纸实际的数值进行适当调整放大即可解决此类问题。

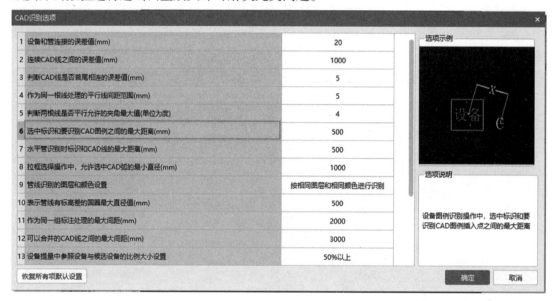

图 B6-2　CAD 识别选项调整

（2）识别成功后生成的示意图元与 CAD 底图不能完全贴合，平面图与三维视图的显示如图 B6-3、图 B6-4 所示。

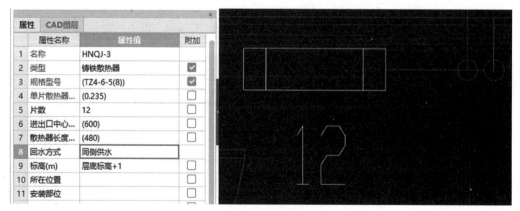

图 B6-3　示意图与 CAD 底图大小不一致——俯视图

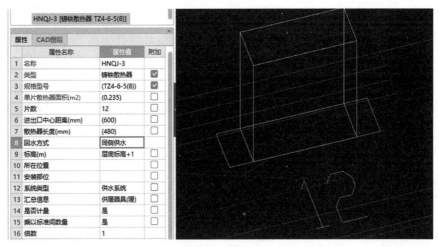

图 B6-4 示意图与 CAD 底图大小不一致——三维图

① 首先查看各地的供暖器具定额，发现散热器的主要出量单位有以下几种：片、组等，主要影响定额划分选用的有散热器的长度、片数、高度、安装方式等。对于出量所需考虑的这些维度，在软件"供暖器具"的属性"类型"下拉框中提供了常见的散热器类型，切换不同的散热器类型（图 B6-5），软件自动按照不同种类散热器的工程量统计，切换后的对比调整如图 B6-6 所示。

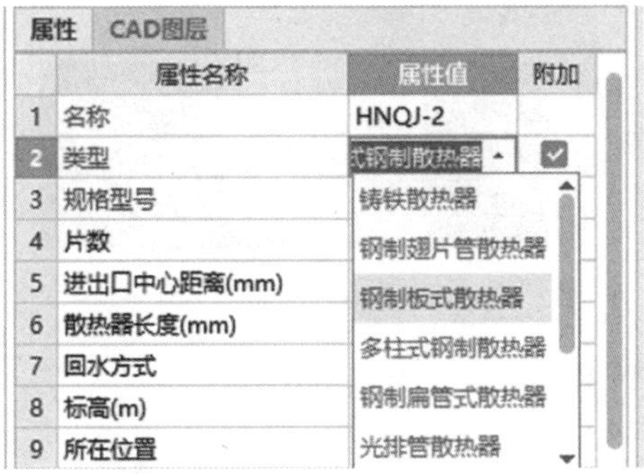

图 B6-5 在属性类型下拉菜单中切换不同的散热器类型

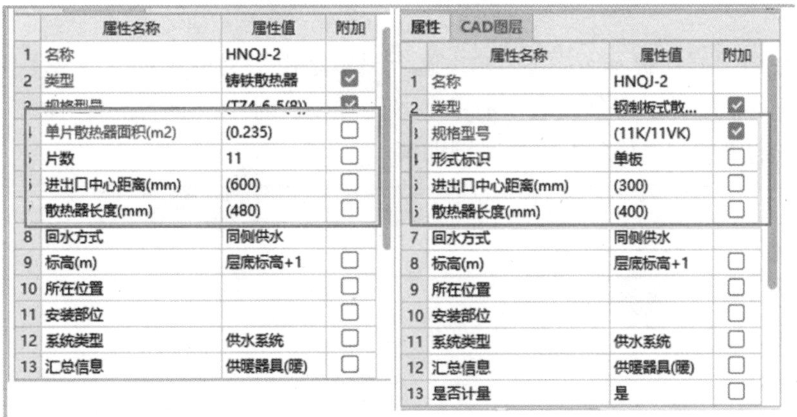

切换前—铸铁散热器

切换后—钢制板式散热器

图 B6-6 不同散热器类型切换前后的对比

　　② 其次在属性的"规格型号"中，软件内置散热器图集，可对当前散热器的型号进行选择和调整（图 B6-7），修改这里的规格型号，供暖器具属性中的如"单片散热器面积"或"散热器长度"等属性会根据内置的规格型号自动匹配调整，对于内置里没有的散热器型号，也可以直接手动修改调整。

图 B6-7　散热器规格型号调整

　　在选择散热器规格型号的时候，建议不要切换散热器分类，如图 B6-8 所示：

图 B6-8　散热器分类不要在规格型号中切换

　　切换后会遇到报错提示（图 B6-9），这个提示是由于类型与规格型号不匹配导致的。由于软件内置的散热器并不能代表所有的散热器类型，对于市面上新类型的散热器，建议参照相关出量的维度，选择所对应的类型即可。

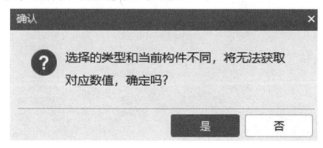

图 B6-9　报错提示

问题中的图元与 CAD 图例不吻合的原因也在于散热器属性中"散热器长度"的属性值，由于设计可能会出现图例长度不符合现场实际的情况，故软件是根据属性中的长度显示（图 B6-10），没有根据图纸上所示长度匹配。

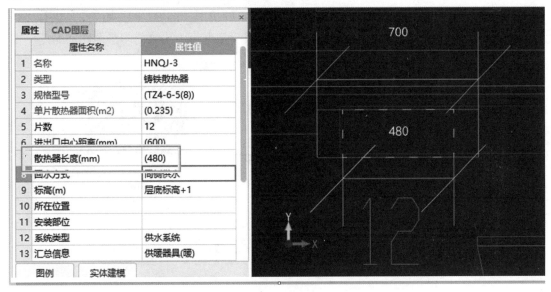

图 B6-10　图元按属性散热器长度显示（1）

当散热器图元长度为 700mm 时，将"散热器长度（mm）"属性值改为 700mm，即可实现图例吻合与图元匹配，如图 B6-11 所示。

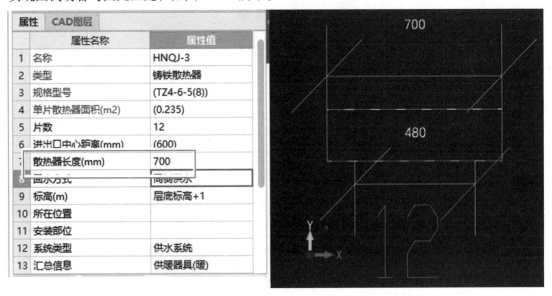

图 B6-11　图元按属性散热器长度显示（2）

◆ 应用小贴士：

（1）提量为 0 时，可借助"CAD 识别选项"功能。

（2）不需要刻意追求图例的吻合，重点是散热器的真实长度。

B7　组合管道的应用场景

组合管道的功能应用场景举例：场景 1，在电气专业实际的算量过程中，会遇到设计的平面图呈现形式为一根 CAD 线、实际代表多根管的情况（图 B7-1）。场景 2，也有遇到设计出图时为了让平面图显示的更加整齐，而将照明配电箱中出来的多个照明回路用一根 CAD 线表示多个回路的进出（图 B7-2）。

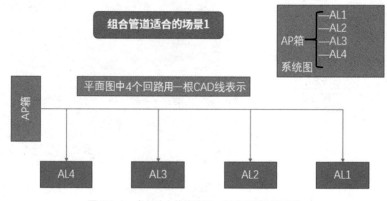

图 B7-1　多条动力线线路用一根 CAD 线表示图

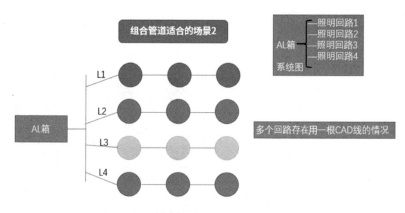

图 B7-2　多条照明回路用一根 CAD 线表示图

在应用 BIM 安装计量软件的识别类功能，比如"多回路""单回路"识别管线时，对用一根 CAD 线代表多管管线的业务场景，再次识别的时候会提示重叠，原因是管线在空间关系上是同一位置，所以无法再次生成，提示如图 B7-3 所示。

图 B7-3　生成图元重叠提示图

对于这种场景，软件提供两种方法解决：①使用组合管道，同时使用"设置起点""选择起点"功能实现重叠部分的管线绘制；②"直线"分别绘制重叠部分的管线。

第一种方法具体操作步骤：

（1）在"电线导管"或"电缆导管"构件列表中"新建组合管道"（图 B7-4）。

图 B7-4　新建组合管道位置图

◆ 应用小贴士：

在"电线导管""电缆导管"中新建组合管道的作用相同。组合管道构件的属性中只有名称、宽度属性、标高等内容，没有其他的属性（图 B7-5）。

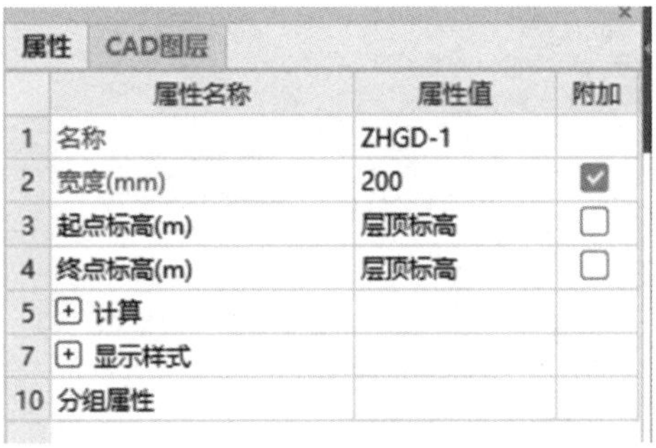

（2）组合管道绘制完毕后，必须搭配"设置起点"与"选择起点"的功能使用（"设置起点""选择起点"的具体用法可参照上文）。组合管道与桥架的区别在于：①桥架自身统计工程量，组合管道自身不计算任何工程量；②桥架选

图 B7-5　组合管道属性图

择起点后，会计算与选择起点时所选配管中的线缆相同的桥架内线缆工程量；组合管道选择起点后，会计算选择起点时所选配管相同的配管 + 电线 / 电缆工程量（图 B7-6）。

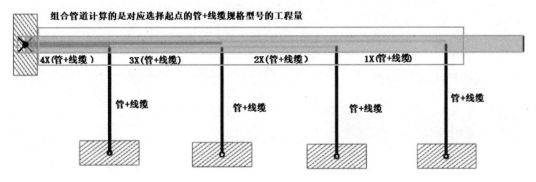

图 B7-6　组合管道软件示意图

无论是场景 1 还是场景 2，主要的干扰点就是图纸中绘制一根共用 CAD 线代表多根管，此时先将该 CAD 线条使用"直线"绘制或者"选择识别"为组合管道，然后使用"CAD 图层"中"隐藏指定 CAD 图元"将该线条隐藏，降低由共用 CAD 线造成的对其他回路识别时的干扰。

组合管道的应用场景很多，应用非常灵活，有需要多根线并行的路径都可以使用，使用过程中可以举一反三。

◆ 应用小贴士：

与组合管道应用场景 2 类似的场景下，也可以借助箱连管功能进行处理，可以借助功能搜索找到箱连管。

B8　模型合并功能讲解

在问题 B2 中已详细讲解简约与经典之间的区别，两种算量模式的工程可不可以互相转换？两种不同算量模式的工程转换，可借助一个变通的处理方法——"模型合并"功能。

分配好楼层是把简约模式工程转入模型合并的前提（图 B8-1、图 B8-2）。

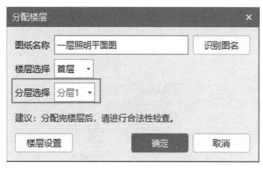

图 B8-1　分配到首层—分层 1 的首层照明图纸

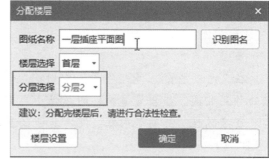

图 B8-2　分配到首层—分层 2 的插座图纸

分层对应的模式，更适用于 BIM 建模思路，为 BIM 建模过程中遇到的多层多专业平面图纸识别问题提供更好的解决方案。

经典模式中取消勾选楼层编号，就进入到图纸管理的分层状态，如图 B8-3 所示。

在经典模式下，切换到分层状态可以把分配好楼层的简约模型合并进来，算是打通了简约模式与经典模式之间的壁垒，对于不同操作习惯的人，也可以把模型进行整合。找到 BIM 页签下的"模型合并"功能（图 B8-4），具体操作步骤：

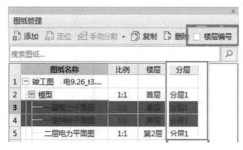

图 B8-3　取消楼层编号示意图

图 B8-4　模型合并功能位置图

第一步：触发功能，选择需要合并的工程，软件会对工程进行解析，版本不同会自动升级。分析完毕后会弹出窗体（图 B8-5）进行下一步选择楼层的操作。

图 B8-5　模型合并

模型合并原则：①软件自动根据当前工程的楼层及无图纸无图元的分层进行匹配；②当无法匹配楼层时，需要手动进行调整指定，只合并局部楼层时只需要取消前面的选择就可以。

第二步：选择完毕后，点击下一步进行设置插入点操作。窗体内显示上一步所勾选的楼层信息。所谓插入点，其实就是告诉软件确定两个工程之间的定位点保持一致，无须记住坐标，直接利用插入点，如图 B8-6 所示。

插入点支持整栋楼直接定位，也支持单独楼层分别调整局部定位。设置好插入点后，点击模型合并，软件将按照所设置的楼层及插入点位置进行合并。合并成功后，图纸图元都会合并进来，可以在图纸管理中进行工程图纸的查看。同时软件也会实时备份一个未合并的工程存档，如图 B8-7 所示。

总结：

① 工作面层就是一个把图纸摊开专门用来算量用的，简约模式中需要模型可以进行楼层的分配与定位才可以进行模型合并操作。

② 虽然简约模式与经典模式不能直接互通，但可以通过模型合并实现简约模式向经典

模式的转换，新建一个经典模式，在图纸管理中改为分层，就可以使用模型合并功能把分配好楼层的简约模式工程合并到经典模式中。

◆ 应用小贴士：

表格输入的工程量因为没有模型，所以不能合并。

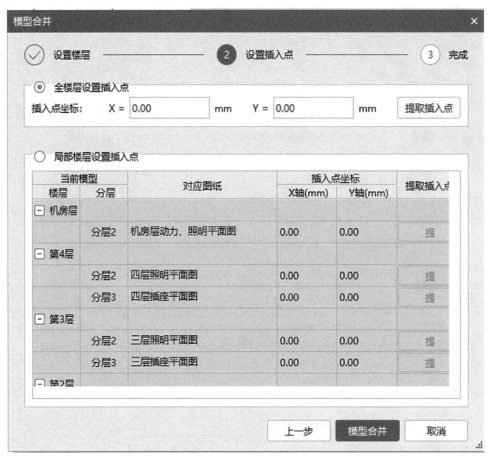

图 B8-6　提取插入点

圖 工程2.GQI4 ← 合并版　　36 MB　GQI4 文件

圖 工程2（未合并版）.GQI4　　36 MB　GQI4 文件

图 B8-7　合并与未合并区别图

B9　区域管理功能说明

"区域管理"应用场景：在实际工程中除了按楼层划分工程量，也存在需要按标段划分工程量的情况，如水专业一标段与二标段之间，管路在某一处断开作为分界点；或者地下部分与地上部分的工程量需要分开统计。针对上述情况，软件中可采用对应功能"区域管理"进行解决。

"区域管理"功能背景说明：当施工过程中进行分区域分区段工程量计量时（水平分为施工段、竖直分为施工层），可通过划分区域的功能，进行分区域的工程量统计，便于对工程量的动态管理。"区域管理"的功能位置如图 B9-1 所示。

图 B9-1 区域管理

展开"区域管理"可以依次看到：

① "定义区域"：通过折线绘制区域边线定义区域，命名区域名称，选择区域的楼层范围，定义好区域后会发现其余如"编辑区域"等功能被点亮；

② "编辑区域"：对区域的名称、楼层范围进行二次编辑；

③ "删除区域"：删除已定义的区域；

④ "隐藏区域"：对已定义好的区域进行隐藏，以便于动态观察时可对绘图区图元清晰查看，不受区域边线的影响；

⑤ "查看区域"：选择区域边线查看当前区域图元，默认为西南视角，非当前区域的图元自动隐藏。

"定义区域"具体操作步骤为：

第一步：借助功能搜索框找到功能位置，或"经典模式"的位置鼠标左键点击"绘制—检查/显示"功能中"区域管理"下拉菜单中的"定义区域"功能；

第二步：在需要定义区域的范围内，用鼠标画一个闭合的多边形，然后单击鼠标右键，软件会自动对区域进行闭合，绘制中的区域如图 B9-2 所示；

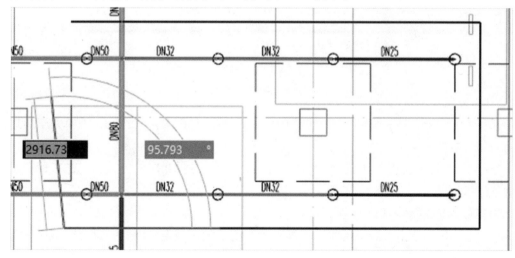

图 B9-2 绘制中的区域

第三步：可以输入或者点击"提取名称"按钮提取区域名称（图 B9-3），定义区域的楼层范围（终点楼层不能小于起点楼层）；

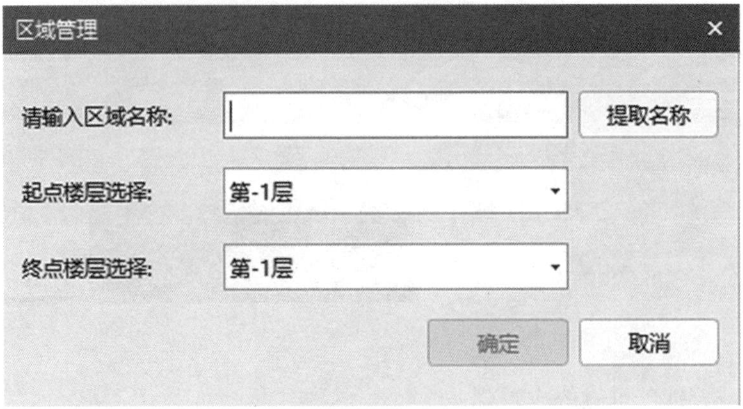

图 B9-3   区域管理

第四步：点击确定，区域定义完毕。

"编辑区域"具体操作步骤为：

第一步：点击"编辑区域"按钮，选择需要编辑的区域边线；

第二步：区域呈现蓝色选中状态，点击鼠标右键弹出区域管理窗口，可对区域的名称及楼层范围进行二次编辑，如图 B9-4；

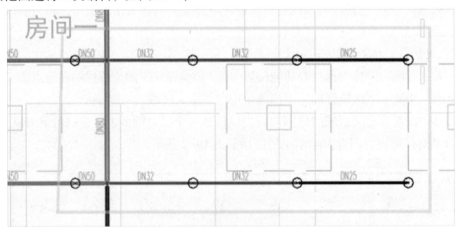

图 B9-4   编辑区域的选中状态

第三步：编辑区域的弹窗与定义区域的弹窗一样（如图 B9-5 所示），编辑完毕后点击确定按钮，编辑完毕。

"删除区域"具体操作步骤为：点击"删除区域"，选择相应的区域，点击鼠标右键则删除该区域。

"隐藏区域"具体操作步骤为：

第一步：鼠标点击"隐藏区域"功能，则当前层的区域全部隐藏，且"隐藏区域"按钮更改为"显示区域"；

第二步：鼠标点击"显示区域"，则当前层的区域全部显示，且"显示区域"按钮更改为"隐藏区域"。如图 B9-6 所示。

图 B9-5　编辑区域管理

图 B9-6　隐藏与显示区域的功能变化

"查看区域"具体操作步骤为：鼠标点击"查看区域"，鼠标左键点击需要查看的区域边框，则当前区域以西南视角显示在绘图区，其他图元则被隐藏，如图 B9-7 所示。

◆ 应用小贴士：

（1）当区域中图元较多时可触发"隐藏区域"功能，可较直观地查看区域中的构件图元。

（2）区域的厚度是为了方便显示，区域对于管线工程量的分割点是绘制区域时外边线的位置。

（3）区域划分完毕后，可与"分类工程量""报表设置器"结合使用，可灵活按照区域提取工程量。

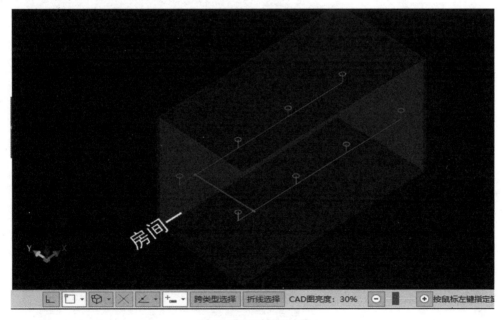

B9-7　查看区域的示意图

B10　自定义点、线、面的应用

在软件实际应用中，如果遇到一些需要统计的工程量，而软件没有相应的功能进行处理和出量，除了表格输入以外，BIM 安装计量软件中也提供了一些开放性的绘制类功能，对应在"导航栏→自定义"功能区图 B10-1，软件提供了自定义点、线、面三个层面的出量维度。

图 B10-1　自定义功能区

"自定义点"（图 B10-2）可输出数量、截面面积、体积三个维度的工程量。

图 B10-2　自定义点

"自定义线"（图 B10-3）可输出长度、截面面积、体积三个维度的工程量，可使用自定义线输出如管道土方等工程量。

图 B10-3　自定义线

"自定义点"与"自定义线"除了可定义矩形图元外，还可定义圆形及自定义形状的点式与线式图元。如果遇到需要计算放坡工程量，也可以通过新建"异形自定义线"进行工程量的处理。

"自定义面"（图 B10-4）可输出周长、截面面积、体积三个维度的工程量，可使用自定义面统计地热盘管的面积或其他一些需要按面积出量的业务场景。

图 B10-4　自定义面

◆ 应用小贴士：

自定义点、线、面可多维度输出多种工程量，可结合相关的绘制功能灵活应用。

用户书评

数字时代，工具先行，建立完整的三维建模思路，掌握以模型为载体的算量方式才能更加顺应时代的发展。《广联达算量应用宝典——安装篇》由广联达课程委员会组织全国各省市20多位专家讲师编写，适用于广联达BIM安装计量软件用户，从认识到玩转，从高手到精通，而且重视用户需求，以实际工程CAD图纸为例，图文并茂，一步一步精细讲解，新手保证学会，成手精益求精。

本书共4篇10章，包含电气、给水排水、通风空调、采暖燃气、消防、智控弱电六大专业算量学习以及书尾的计算设置专题和热点问题分享。学习本书，可以熟练掌握软件功能，清晰软件计算原理，正确计算设置精准出量，直至融会贯通，掌握清晰的处理思路和方法。涵盖从了解、会用、用好，直至用精，从而解决工程的各类算量问题。

我从2011年开始学习使用广联达安装计量软件计算工程量，到现在已经10年的时间，工作早已经和这个软件融合在一起。翻开这本书的那一刻，好像打开了自己这10年广联达安装计量软件知识的积累：从一开始的准备工作，新建工程、导入CAD图纸，分割CAD图纸；算量过程中，先识别数量，再识别长度，最后零星统计；计算工程量，导入计价软件。而且本书的功能讲解和流程都符合预算员的工作需求，实际场景带入，容易学会和直接应用。有些难理解的功能，比如一键提量、跨层桥架、设置起点选择起点、组合管道、剔槽、管道保温、套管、风管识别等，书中都做了详细讲解，这些功能应用好的话，可以快捷准确地计算工程量，值得学习。

本书的讲解流程，我认为很科学。例如电气专业的数量统计章节，第一步先从业务分析开始，讲解清单计算规则，第二步以实际工程CAD图纸讲解需要计算的项，第三步讲解软件的处理思路并且详细讲解识别过程。还有应用小贴士，讲解不规则图纸的识别处理，最后讲解"一键识别"，提升识别速度。这个流程很适合安装预算员学习和提升自己的软件处理技巧。

所以，我们安装预算员需要这本书来学习软件的应用，熟练掌握软件的功能，提升自己的算量能力，体验工作变简单的美好。

河北省　张超

本书理论与操作相结合，同时附有图片易于理解；日常工作中遇到的难题在看过此书后皆迎刃而解，在实际工作中有很大的指导作用。

通过实际功能讲解，结合业务背景，分专业让用户清晰软件的使用流程和注意事项，其中有些小功能或者小注意事项特别好，本人非常推荐。在学习基本功能的同时，对软件操作有很大的提升。每一步都很详细，非常全面的教材书，强烈推荐给大家。区分专业，哪个专业不会选择哪个专业。

北京市　郭工

本书理论内容丰富翔实，侧重软件操作的流程，分析论述较为全面深刻；附录中选取的热点问题在软件实践过程中均有较高的关注度，具有广泛的适用性，对具体问题的解决具有较强的借鉴意义，是一本将理论与实践相结合的力作。

本人衷心将这部体现广联达安装算量应用宝典的作品推荐给行业同仁，感谢大家对广联达的厚爱、支持与帮助，并期待广联达安装部有更多的研究成果服务于行业发展。

北京市　李杰

最近阅读了《广联达算量应用宝典——安装篇》这本书，读完感悟颇多，与大家共勉：

通览全书，本书从认识系列、玩转系列、高手系列到精通系列，从点到线、从易到难进行循序渐进式的讲解，并将实战型的技巧穿插其中。这样能满足不同阶段的读者可以选择对应阶段进行学习，在对应阶段更快的学会学好。要想继续进阶，可以继续深读。所以本书的框架梳理清晰、操作流程演示全面，是不可多得的实操百科全书。

通览全书，本书将经典算量模式作为主旋律，引导大家从软件原理、处理思路、算量准备、分专业解析，直至报表提量，将算量流程剖析到位，将业务实操贯彻其中，解决了大家算量中的痛点和难点问题，是不可多得的实操秘籍分享。

自 GQI 2009 发版后，我就开始参与到软件研究中，10 多年来提供了较多有价值的方案和建议，并且全国独家首创规划算量、精益算量和智慧算量三大思维，这三大思维正是对软件实操的高度归纳和提炼。在本书多个环节中也看到了三大思维的影子，真正达到技术与思维的高度融合。

愿新手从本书中学会操作流程，高手可以玩转算量精通把控，更希望大家从本书中学会压榨软件的潜力，发挥功能到极致，做一位高级精算师！

段福顺

《广联达算量应用宝典——安装篇》内容丰富，涵盖常用的各大专业，内容深入浅出，图文并茂，详细介绍各个专业的场景操作，堪称是软件使用者的"教科书"！

本书分为 4 个系列，分别是认识、玩转、高手、精通，如此编排，非常契合软件使用的思路，让没有接触过、没有使用过广联达安装计量产品的朋友也可以快速、轻松上手；对于有软件操作基础的，本书可以轻松帮助你成为真正的高手！

作为广联达安装计量的十年老用户，重点推荐《广联达算量应用宝典——安装篇》！

山东省 鲁凤春

从事安装造价工作已经 10 多年，近日有幸读到《广联达算量应用宝典——安装篇》，该书由广联达课程委员会编撰出版。该书主要介绍针对民用建筑安装全专业研发的广联达 BIM 安装计量软件的操作运用。

我最开始学习安装造价，还是拿着三棱比例尺、丁字尺和三角板在施工蓝图上量取，手列计算稿。后来各类平面算量软件层出不穷，也用过多种算量软件。三维软件也使用过不同的算量软件，但是因为软件普及问题，对量双方很难遇到使用同款软件计量的计算稿，给对量过程增加困难。

广联达安装算量软件则是近几年迅速崛起的一款专业算量软件，提供密集的实操培训课程、海量的网课、学习探讨群、建模大赛，还有 24 小时在线客服，上门服务等。广大的用户积累，用户意见收集后能迅速改进升级，这是其他一些软件无法做到的。

作为"国家规划布局内重点软件企业"，广联达一直在致力于把建筑行业提升到现代工业级精细化水平。

我也不禁感叹，以前要学算量得跟着师父潜心学习好久。现在只要愿意，有各种途径教你使用算量软件。现在又推出了这本算量应用宝典，软件使用起来更是得心应手。

本书将用户对软件的使用分为四个阶段：了解、会用、用好和用精。对应划分为四个系列：认识系列、玩转系列、高手系列、精通系列。

认识系列主要帮助大家初步认识广联达安装计量软件；玩转系列帮助用户掌握标准建模的流程及构件的处理思路与原理；后两个章节为高手和精通系列，占该书 95% 以上的篇幅。以图文并茂的形式为我们详细介绍了软件的完整操作过程。

工欲善其事必先利其器，数字时代，工具先行。本书从电气、给水排水、通风空调、采暖燃气、消防、智控弱电六大专业讲解，智能识别，将图纸转化为三维模型出量。

软件算量思路分为前期准备、工程量计算、报表体量三个阶段。

前期准备相当重要，有了这本宝典，老板再也不用担心模型要重做而摔鼠标了。在进入软件算量之前明确并规范建立模型的标准方法，进行构件名称定义时参照清单/定额分类进行命名来做标准化列项。计算规则依据《通用安装工程工程量计算规范》GB 50856—2013，再也不用翻规范啦！

软件处理思路遵循列项、识别、检查、提量四步。先告诉软件要算什么，通过识别的方式形成三维模型，识别完成后检查是否存在问题，确认无误后进行提量。

看这本宝典时，正是肺炎疫情期间，感慨颇多，身处在这个时代的我们相比上代人来说，无疑是幸运太多。软件确实好用，但是目前也要人来操作，我也还在不断学习适应的过程中。以前造价行业的专业人员是越老越值钱，现在却是不同了。我们还是要不断学习，才不会在时代的浪潮中被淘汰湮没。

　　愿这本宝典对你也有帮助，愿我们行业越来越好，愿疫情早日结束，祝愿祖国永远繁荣昌盛！

湖南省　用户朋友

　　"（4）提量　数量统计完成，可以使用—图元查量查看已提取工程量。具体操作步骤为：切换到通风设备下"工程量"模块→点击"图元查量"→拉框选择需要查量的范围→基本工程量。注意：空调风系统中相同设备的工程量已经统计，空调水系统中进行图元属性中是否计量修改为否，则无工程量。如图 7-47 所示"—如此具体详细的步骤操作说明，不仅配有软件操作界面演示，还有配套专业图纸说明信息，此书对于学习广联达安装算量软件的同行们无论是入门还是提升都是非常实用的，力荐给大家。

河北省　杨小于
（广联达安装算量 10 年的老用户）